钢铁记忆与

遗产重生

——济南二钢工业遗存
改造更新实录

金文妍　徐洪斌　董先锐　著

U0195040

中国建筑工业出版社

图书在版编目（CIP）数据

钢铁记忆与遗产重生：济南二钢工业遗存改造更新实录／金文
妍，徐洪斌，董先锐著. —北京：中国建筑工业出版社，2019.12
ISBN 978-7-112-24254-2

Ⅰ. ① 钢… Ⅱ. ① 金… ② 徐… ③ 董…Ⅲ. ① 工业建筑–文化遗
产–保护–研究–济南 Ⅳ. ① TU27

中国版本图书馆CIP数据核字（2019）第217789号

责任编辑：刘　静　徐　冉
版式设计：锋尚设计
责任校对：芦欣甜

钢铁记忆与遗产重生——济南二钢工业遗存改造更新实录
金文妍　徐洪斌　董先锐　著

*

中国建筑工业出版社出版、发行（北京海淀三里河路9号）
各地新华书店、建筑书店经销
北京锋尚制版有限公司制版
北京富诚彩色印刷有限公司印刷

*

开本：787×1092毫米　1/16　印张：9¾　插页：1　字数：224千字
2019年12月第一版　2019年12月第一次印刷
定价：99.00元
ISBN 978 - 7 - 112 – 24254 - 2
（34754）

　　我国大中型城市的功能转型和空间结构重组已进入了全面更新时期，在建设过程中重视历史文化以及近现代建筑的保护也走过了近30年的探索历程。其中工业建筑空间再生利用，是一个值得探索的现实问题。一批具有价值引领、方法垂范的优秀保护利用案例的涌现，将有助于推动城市更新发展。

　　济南中央商务区文化服务中心项目的实现正是这一大背景下的产物，它像是一块棱镜，将宏大的城市问题折射于微末的建筑变迁，将钢铁工业的时代精神呈现于产业工人的生活日常。

　　讲好中国的工业故事是时代赋予我们的使命。

黄启政

序
一

　　一个高完成度的建筑作品来之不易，是顶层决策、建筑设计、现场施工以及后期运营等多方面努力的结晶。施工单位是实现完美作品的最后一棒接力者，任重而道远。

　　济南中央商务区文化服务中心项目是山东建工集团在工业遗存改造利用领域的一次成功实践，具有里程碑意义。听闻关于此工程的建设经验以及厂区发展变迁将以生动的图文呈现给读者，我倍感欣慰与期待。

　　在山东推进"新旧动能转换综合试验区"的时代感召下，二钢厂房的改造更新生逢其时，秉承对厂房历史价值的认可与尊重，我们的工程技术人员深度设计、严谨施工，采取新旧结构脱离的策略，利用原结构及代表性设备等元素将厂房的历史风貌最大限度地保留再现，传承老厂房所蕴含的工业文化内涵。回顾过往，其中的施工攻坚与个中辛酸都成为建筑竣工后欢欣喜悦的注脚。

　　漫步在文化服务中心，历史痕迹唤起人们对炼钢生产场景的真切回忆，新融入的商业贸易、文化服务功能，又为历史建筑注入活力，让其焕发勃勃生机。置身其中，无不赞叹老建筑重生带来的惊喜和感动。济南中央商务区文化服务中心的成功实施将人文、建筑、环境的融合充分展示，已成为山东乃至全国工业建筑遗存保护利用的标杆。

　　我们感恩时代的馈赠，感恩城市建设的信任与重托，作为国家首批房屋建筑施工总承包特级资质企业、全国优秀施工企业、全国先进施工企业，我们发扬"艰苦奋斗，努力拼搏，讲求实效，争创一流"的企业精神，优质高效地完成中央商务区文化服务中心的施工任务，为中央商务区建设作出积极贡献，为"打造'四个中心'，建设'大强美富通'的现代化国际大都市"贡献力量。

山东建工集团董事长　王彦宏

2019 年 7 月 10 日

这是一本记录旧有工业建筑，通过结合片区功能需要进行改造提升，展现济南城市发展变化，实现建筑文化传承，唤起人们美好回忆的书。作为该项目所在地济南中央商务区的建设组织者之一，对该书的及时面世，我感到十分欣慰。

建筑是凝固的史书，静静地讲述着历史，综合反映着文化传承和交融过程。无论是柬埔寨的大小吴哥遗址，还是新中国成立后的十大建筑，莫不如是。同时，建筑既是构成城市的重要组成部分，又与城市相守望，年深月久，构成了人们对城市千面记忆的一个重要侧面。如何将一个完成了历史使命的建筑带入新时代，安放在现代建设环境当中，既满足当代功能需求，又能唤起一段美好的记忆，是摆在所有城市规划者、建设者面前的时代之问。本书关注的济南第二钢铁厂中轧车间的改造更新项目试图给出一个令人满意的解答。

这座厂房见证了新中国成立后钢铁工业的发展历程，每一次的增改扩缩都折射着时代的变迁。中轧车间已经"弃武从文"，这"武"是指工业生产，"文"是指文化服务，可以说，它是一座体现工业建筑、公共建筑的"混血儿"，又融入了多种建筑风格要素，使得一座厂房的建筑艺术变得如此丰富多彩。厂房由轧钢综合车间改造为一个开放可变的片区配套服务载体：为建筑面积达一千万的中央商务区建设提供规划展示、建设指挥、招商服务、商业展示等服务；远期它的整体功能将转换为规划展示、文创办公、艺术展览、商业服务等，以期进一步充分发挥其商业价值。随着时间的流淌，项目的文化及商业价值将会更加突显，实现传承建筑文化、唤起美好历史回忆的愿景。

将项目改造更新的蜕变过程呈现得如此翔实、透彻而生动，就一座暂未列入保护名录的近现代工业建筑进行全方位的整体研究，并且能够涵盖历史、技术与人文的方方面面，是难能可贵的。作者对建筑更新的阐释不仅告诉读者它呈现、选择的一面，还揭示它弱化、舍弃的一面。有了这种质朴求真的思想和切中肯綮的语言，再加之数百幅一手图片，读起来着实让人感到亲切和信服。

既然如此，那就让我们一起伴随着这座新生的建筑和本书，接受历史的检验吧！

济南城市建设投资集团有限公司总工程师　赵铁灵

2019 年 7 月 14 日

自2018年竣工以来，济南中央商务区文化服务中心迎来了一批又一批访客，令业内外各界人士对这座优秀工业建筑的保护再利用工程赞叹不已，对山东建工集团的精湛工艺和技术给予了高度评价。获得肯定的背后是山东建工人对落地实施每一个环节的反复论证，是不断完善设计方案和施工方案的不懈努力，是建工人对至臻佳境的追求。

此前，山东建工集团凭借雄厚实力多次获得"鲁班奖""国家优质工程""泰山杯"等业内权威奖项，但工业建筑改造却是首例。作为中央商务区首批建设的重点工程，我们必须看到超越建筑本体之上的文化意义、场所精神，考虑一切关于城市发展进程中的历史、建筑、技术、社会和未来因素，因此在文化服务中心的项目中建工人全情投入，不遗余力。

我曾多次在现场与工程技术人员论证施工方案，亲身感受到技术人员的严谨负责。比如屋顶预制板的拆除工程量大，危险系数高；比如建筑清水砖墙的补砌和新砌，仅砖色的选择和搭配就做了多套方案的比选；再如基坑施工的高精度、坑底标高的复杂度，等等，一系列施工中的难题不胜枚举。相信读者朋友们能从本书中一一找到细致的讲解。

文化服务中心项目的成功不仅在齐鲁大地上树立了工业建筑改造利用的范例，也为山东建工集团探索了这一领域切实可行的技术和工艺，也让我们深刻认识到施工与设计的密切结合、修复技术的博采众长，以及专家学者的鼎力支持是多么的不可或缺。一扇崭新的探索之门已经打开，培养并建立一支既精于建筑空间再生技术，又善于施工管理的精兵强将是历史对存量时代城市建设者的召唤。

本书的出版是山东建工集团与工业建筑保护利用学者的一次深度合作，得益于金文妍女士及其团队多年来对济南工业遗产保护的持续关注。她对工业建筑保护利用的深刻理解和对城市发展的敏锐洞察让我们更加清楚地认识到所做事情的价值和意义。每一个山东建工集团的竣工项目，于我都如孩子一般珍贵。感谢金文妍女士为这个特别的"孩子"记录下从孕育到出生的点点滴滴，我们也会一直见证他的成长。

山东建工集团副总经理　胡富强

2019 年 7 月 17 日

从生产的工厂到文化的展场

以人工智能为代表的"工业4.0时代"引发全球经济变革，我们正处于从工业文明过渡到知识文明的当口。回望，传统工业日渐衰微，作为"生产资料"的工业建筑，一面丧失着生产能力，一面获得了身份和功能的双重升级，它们被视为潜在的遗产资源，可以通过适当的空间再生重新融入城市生活。从生产资料到遗产的转变过程，是工业建筑价值内涵不断拓展的真实写照。

工业建筑或许因为高耸的烟囱、巨大的行吊或超尺度的联排厂房萌生了犹如方尖碑、圣殿般的朦胧纪念性，通过艺术的联想唤起了人们对废弃工业建筑的关注。大众逐渐理解到那些普通的、广泛存在于日常生活中的车间，烟囱和水塔除了实用之外，也可成为"时代的精神符号"。

当工业建筑的角色从生产资料到废弃地再到文化地标的转换启动时，它便荣幸地步入遗产化轨道，其属性已经从生产性空间转变为艺术品或纪念物。它新增了描绘历史故事和营造场所记忆两个特征。基于这种特征便具有了文化资本和经济资本的附加值。若我们有能力将工业遗存的价值进行"扁平化"和大众化的阐释并成功博得群众的认可，工业建筑就有机会获得第二次生命。

工业遗存的再利用由于价值高低的不同，处理方式不尽相同。一般来说，包括三种类型：一、工业遗产保护与展示为主的博物馆；二、营造工业场所记忆与开放空间的景观公园；三、以空间再利用为主的创意园。三种主要方式对工业遗存本体价值、历史真实性的保护依次渐弱，对建筑经济价值的诉求依次渐高。

利用方式不同是操作层面的事。从建筑学的角度，优秀的工业遗存有机会走上遗产化的道路。

国际工业遗产保护协会（The International Committee for the Conservation of Industrial Heritage，简称TICCIH）是保护工业遗产的世界组织。2003年召开的TICCIH大会上，通过了由其制定和倡导的保护工业遗产的国际准则《下塔吉尔宪章》（The Nizhny Tagil Charter for the Industrial Heritage）。作为第一份工业遗产保护的国际共识文件，它阐述了工业遗产的基本概念。

"凡为工业活动所造建筑与结构、此类建筑与结构中所含工艺和工具、此类建筑与结构所处城镇与景观及其所有其他物质和非物质表现，均具备至关重要的意义……工业遗产为具有历史、技术、社会、建筑或科学价值的工业文化遗迹，包括建筑，机械，车间，选矿和冶炼的矿场和矿区，仓库货栈，能源生产、输送和利用的场所，交通运输及其基础设施，以及与工业相关的社会活动场所，如住宅、宗教崇拜和教育设施等。"

从定义中我们得出这样的推断：工业遗产涉及的学科领域异常广泛，面对的问题极其复杂。由于本身的复杂性，使遗产研究不致步入隔绝、封闭的单一领域，而更趋向于一个综合、复杂的巨构系统。事实上，工业遗产不但成为自然科学学者和科技史学者的研究对象，也引发了政治、经济和社会学者的关注，学科交叉融合的机制正在建立。

从国际工业遗产保护理念发展的角度回观中国，工业遗产研究是一个年轻的学术领域，国家层面的积极倡导始于2006年的《无锡建议》，有益的探索业已展开。特别在城市建设需要存量资源盘活和新旧动能转换的号召下，中国工业遗产的研究和保护工作取得了一些阶段性成果。例如自第六批全国重点文物保护单位中新增了"工业遗产"门类，第七批4296处全国重点文物保护单位中，有163处涉及古代和近代工业门类。"国家工业遗产名单（第一批）"（2017）、"中国工业遗产保护名录（第一批）"（2018）两份名录相继公布，中国工业遗产保护进入了一个新的阶段。

从遗产涵盖的内容来看，保护已经从厂区重要的单体建筑扩展到工业的生产区、生活区以及相关的工业景观，遗产"完整性"的原则已成共识。任何工业遗存的维持或转型都是一项与所在地的城市建设、经济发展、文化战略以及日常生活无法割裂的事物。遗产价值体现在许多方面，如何恰当地诠释具体遗产的价值，据此开展保护工作，引导空间再生是一个综合操作。

我国近10年基于历史、建筑和空间视角的工业遗存保护利用在获得显著成效的同时也暴露了一些问题。操作层面过于重视失去生产功能厂房的空壳式保护；思想层面偏重小资消费情调，对工业文明及工人文化情感的漠视，遮蔽了我国工业遗产丰富的情感价值和集体记忆内涵，导致了对工业精神的遗忘，这不利于工业遗产研究的健康发展。

长久以来，遗产被认为是易损的、有限的和不可再生的。虽然李格尔（Alois Riegl）将古迹价值概括为两大部分和四个方面的论述获得广泛的认可，但纪念价值显然获得比当代价值更多的认定。为了保护古迹的历史价值和年代价值，必须要通过政府和专家学者之手施展影响，他们被自然而然地看作是过去的保护者，能理解遗产的价值，并向公众传达。发声主体的单一可能导致不够全面的遗产表述，例如遗产与身份建构有关，尤其是正面积极的身份建构，即有选择地传达遗产过去好的方面，有助于现在和未来主流文化特质的持续发展。

从我们的城市可以清楚地看到，在遗产保护从单个建筑扩展到建成环境后，越来越多的利益相关者、社区民众介入遗产保护实践。遗产的确常被人当作用于身份认同的不可辩驳的物证。遗产与活着的人关系密切，与日常生活关系密切。当遗产研究开始关注社区时，遗产与特定社群（例如产业工人、工业企业和工业遗存、在地居民）的情感关联也开始被关注。

不同群体发表对遗产的理解，这有助于我们理解工业遗产涉及的社群如何建立自身与遗产的关联。不仅如此，随着遗产相关者的增多，遗产保护工作总是不断跨出以往经验的范畴，为保护内容、再利用方式、相关从业者拓宽了认知的视野。

第一章

建设之初：
济南第二钢铁厂发展脉络

　　济南第二钢铁厂始建于1958年，是"二五"期间投入建设的重要工业设施。风风雨雨60年，从人民公社到"文化大革命"，从改革开放到迈入新世纪，它见证了新中国成立以来的工业化进程，也是地方民众的重要回忆。本章将济南第二钢铁厂的发展分为四个主要时期，结合时代背景梳理分析其演变过程中生产、管理以及厂区建设的大事记。济南第二钢铁厂是中国工业化进程中万千工厂之一，却也从微末中折射出中国波澜壮阔的工业发展进程。

图1-1　济南第二钢铁厂鸟瞰（1985年）

一、动荡中发展
1958.4-1969.12
（济南生建钢铁厂）

（一）发展脉络

　　1958年年初，为适应山东省劳改事业发展的需要，山东省公安厅研究提出在济南地区建一座年产生铁10万吨、钢8万吨的钢铁厂，命名为济南生建钢铁厂，属于劳改企业。同年3月11日由时任山东省公安厅劳改工作管理局副局长马传瑞一行组成勘察小组，勘定济南东经117°3′、北纬36°4′、海拔70.1m、占地面积137.1万m²的区域为济南生建钢铁厂厂址。据《济南钢铁总厂志1958–1985》记，厂址选定依据为：

　　（1）离桃花峪、砚池山矿区近，仅有1~5km，运输方便。勘探含铁45%~50%的富矿储量达300余万吨，且矿石质量优良。

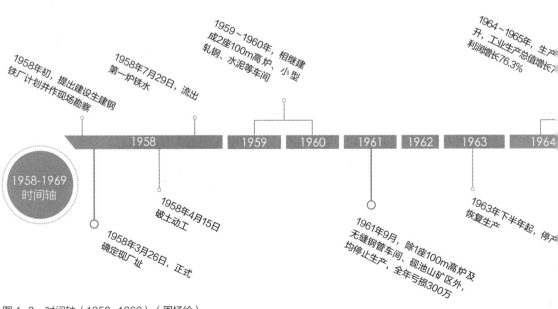

图1-3　时间轴（1958-1969）（周扬绘）

（2）交通便利，厂址距胶济铁路黄台站、历城站约7km，北距小清河10km，距黄河不超过15km，且有公路直达黄台站、板桥和洛口码头。

（3）电源充足，厂区用电可由济南供电局直供；地下水源充足，东十里河与小清河都可引水供应生产。

（4）厂区距济南工业区较近，建厂所需的机件制造加工都极为方便。

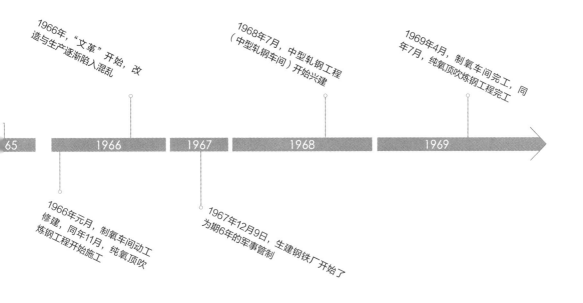

图1-2 炼钢车间6吨氧气顶吹转炉

依据上述条件，1958年4月厂区立即动工建设，距选定厂址不足1个月。在"大跃进"思想的影响下，边设计、边建设、边生产的"三边工程"充斥在建厂初期的整个过程，违反了厂区的规划设计规律，造成设计规模的多次变更。

我们不应忽视，作为劳改企业的生建钢铁厂是以省内各地调集的劳改罪犯和劳教人员为主要施工力量而蹒跚起步的，他们既缺乏技术又无建炉经验。据《济南钢铁总厂志1958–1985》记载："建厂初期施工人员中只有2名工程技术人员。机器设备，只有车床1台，刨床1台。"

- 1958年3月26日正式确定现厂址。
- 1958年4月15日破土动工。

1966年，"文革"开始，改造与生产逐渐陷入混乱

1968年7月，中型轧钢工程（中型轧钢车间）开始兴建

1969年4月，制氧车间完工，同年7月，纯氧顶吹炼钢工程完工

65 | 1966 | 1967 | 1968 | 1969

1966年元月，制氧车间动工修建，同年11月，纯氧顶吹炼钢工程开始施工

1967年12月9日，生建钢铁厂开始了为期6年的军事管制

图 1-4　大炼钢铁

- 1958年7月29日流出第一炉铁水。
- 1959～1960年相继建成2座100m高炉，小型轧钢、水泥等车间。
- 1961年9月除1座100m高炉及无缝钢管车间、砚池山矿区外，均停止生产，全年亏损300万。
- 1963年下半年起停产车间恢复生产。
- 1964～1965年生产持续上升，工业生产总值增长79%，利润增长76.3%。
- 1966年元月，制氧车间动工修建，同年11月，纯氧顶吹炼钢工程开始施工。
- 1966年"文革"开始，改造与生产逐渐陷入混乱。
- 1967年12月9日，生建钢铁厂开始了为期6年的军事管制。
- 1968年7月，中型轧钢工程（中型轧钢车间）开始兴建。
- 1969年4月制氧车间完工，同年7月，纯氧顶吹炼钢工程完工。

（二）时代背景

1. 全民炼铁

　　1958年5月5日～23日，中国共产党第八次全国代表大会第二次会议正式通过了"鼓足干劲、力争上游、多快好省地建设社会主义"的总路线。这条总路线的出发点是要尽快地改变我国经济、文化落后的状况，但是忽视了经济发展的客观规律。"大跃进"表现在钢铁工业方面是钢铁产量指标的不断提高。党的"八大"会后，钢铁生产推到第一产业的最前列，全国各条战线纷纷掀起了钢铁"大跃进"的高潮。通过"以钢为纲"，形成一种"一马当先，万马奔腾"的局面。

2．钢铁工业的停滞和徘徊

对于钢铁工业而言，经过1961～1965年的五年调整，钢铁工业生产有了恢复性增长，钢材品种质量有了较大的改善，绝大部分技术经济指标达到历史最高水平。但"文革"爆发后，钢铁工业正常的生产秩序完全被打破了。从1967到1968年年底，钢铁行业一直处于夺权、武斗、停产的极度混乱之中，钢铁工业出现严重倒退，钢产量连续两年出现负增长，全国钢产量连续下挫，降至1020万吨，比1966年减少了1/3。1968年又下降了11.4%。同时，钢铁工业其他技术指标也出现了严重倒退。1968年与1966年相比，高炉利用系数下降了18.1%，生铁合格率降低了1.04个百分点，实现利润更是下降了72.1%，而入炉比却上升了13.3%。[①]

---

① 中国钢铁工业60年发展的回顾与展望，凤凰网

1970.1-1983.12

（济南第二钢铁厂）

（一）发展脉络

- 1970年1月，济南生建钢铁厂（山东省砚池山劳动改造管教队）改为国有企业，厂名改为济南第二钢铁厂。

- 1970年3月，开始从山东各地市招收复员军人入场务工，至年底，工人数量增至3736人。

- 1970年，重油库工程（动力车间）开始设计建造，同年9月，10.4m球团竖炉（高炉车间）开始施工建造。

- 1968～1971年间，完成全工厂围墙工程、礼堂、游泳池、浴池、机修车间厂房工程，至1971年底完成了10幢职工宿舍。

- 1971年12月，24m烧结机工程（原料车间）开始兴建。

- 1971年，大批新工人由于未经培训即进入生产岗位，本年度事故多、消耗高、浪费大，全年亏损达369.9万余元。从此，连续亏损10年之久。

- 1972年8月31日，轧钢车间分为中轧、小轧两个车间，同年10月1日正式投产。

- 1973年10月，调出劳改犯人，结束6年的军事管制。

- 1974年高炉水冲渣工程（高炉车间）开工。

- 1975年5月，高炉水冲渣工程（高炉车间）竣工。

- 1975年4月，10.4m球团竖炉工程（高炉车间）竣工，同年5月，烧结机工程（原料车间）竣工。

- 1976年7月，职工子弟中学教学楼开工。

- 1978年底，职工子弟中学教学楼完工。

- 1979年，矿石破碎工程（原料车间）动工兴建。

- 1980年，矿石破碎工程完工。

- 1983年，领导班子调整，扭亏为盈，完成利润93.6万元。

图 1-5 　原料车间 24m 烧结机房外景
图 1-6 　中轧车间轧辊直径 500mm 轧机
图 1-7 　中轧车间在加工轧辊
图 1-8 　小轧车间轧辊直径 250mm 轧机

图 1-9　轧机 250mm

图 1-10　小轧车间冷床

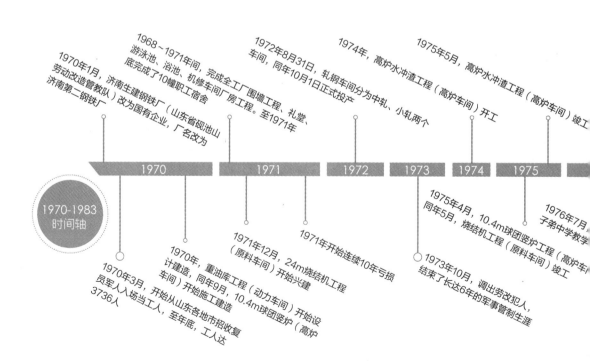

1970年1月，济南生建钢铁厂（山东省砌池山劳动改造管教队）改为国有企业，厂名改为济南第二钢铁厂

1968～1971年间，完成全工厂围墙工程、礼堂、游泳池、浴池、机修车间等厂房工程。至1971年底完成了10幢职工宿舍

1972年8月31日，轧钢车间分为中轧、小轧两个车间，同年10月1日正式投产

1974年，高炉水冲渣工程（高炉车间）开工

1975年5月，高炉水冲渣工程（高炉车间）竣工

1971年12月，24m烧结机工程（原料车间）开始兴建

1971年开始连续10年亏损

1970年，重油库工程设计建造，同年9月，10.4m球团竖炉（动力车间）开始设车间）开始兴建

1970年3月，开始从山东各地市招收复员军人入场当工人，至年底，工人达3736人

1975年4月，10.4m球团竖炉工程（原料车间）竣工同年5月，烧结机工程（高炉车间

1973年10月，调出劳改犯人，结束了长达6年的军事管制生涯

1976年7月子弟中学教学

1970　1971　1972　1973　1974　1975

1970-1983 时间轴

图 1-15　时间轴 1970-1983（周扬绘）

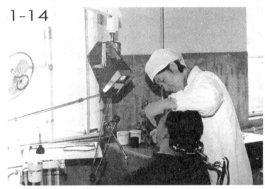

图 1-11 职工子弟小学
图 1-12 托儿所
图 1-13 职工宿舍
图 1-14 职工医院牙科门诊

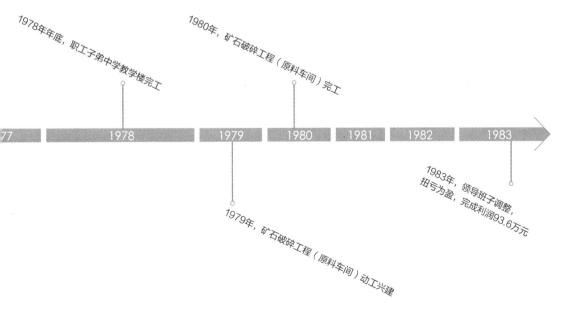

1978年年底，职工子弟中学教学楼完工

1980年，矿石破碎工程（原料车间）完工

77　1978　1979　1980　1981　1982　1983

1983年，领导班子调整，扭亏为盈，完成利润93.6万元

1979年，矿石破碎工程（原料车间）动工兴建

（二）时代背景

1. "文化大革命"后期

钢铁生产的严重倒退引起了政府的高度关注。1970年1月冶金部正式发布通知：

> （1）逐步恢复原来的生产指挥组织系统。
>
> （2）陆续把下放到"五七"干校和农村的管理干部和工程技术人员调回原单位工作，或重新安排工作，同时将军代表陆续撤走。
>
> （3）加强企业管理。
>
> （4）大抓矿山建设。
>
> （5）恢复和抓紧"三线"工程建设。

通过上述工作，全国钢铁生产得以止跌回升。

2. 十一届三中全会召开（钢铁工业的发展新起点）

粉碎"四人帮"后，钢铁工业与全国各行各业一样进行了拨乱反正，工作重点转移到生产建设上来，所有的钢铁企业先后开展了恢复性和建设性整顿，建立健全了岗位责任制、考勤制度等规章制度，重新建立了产量、品种、质量、原材料消耗等考核指标。这样，钢铁工业迅速结束了"文革"十年的徘徊局面，1977年产钢达2374万吨，1978年更是突破3000万吨大关。

1978年12月党的第十一届三中全会召开，成为我国钢铁工业改革开放和发展的新起点。1979年4月，中共中央召开工作会议提出了"调整、改革、整顿、提高"新"八字方针"。针对钢铁工业，会议还特别指出：钢铁工业要为轻工业让点路，要处理好内部的比例关系，把重点放在提高质量和增加品种规格上，努力把紧缺的钢材、铁合金搞上去，大力提高冶炼和轧制技术水平，多炼优质钢和合金钢，积极提高钢材的质量和自给率，以满足经济建设的需要。[1]

---

① 中国钢铁工业60年发展的回顾与展望，凤凰网

三、改革路上，崭新征程

1984.1-2007.12

（济南钢铁总厂第二分厂、六独立分厂）

（一）发展脉络

- 1984年济南第二钢铁厂并入济南钢铁总厂，改名济南钢铁总厂二分厂。

- 1984年9月1日，水泥车间试车投产，设计能力为年产水泥6000吨。

- 1985年9月2日，经济南历下区教育局批准成立子弟中学，并招收了第一个初中班，解决了长期以来职工子女上中学难的问题。

- 1992年1月5日，二分厂中轧车间试轧成功，供出口的38mm方钢投入批量生产。

- 1992年2月8日，二分厂小轧车间试轧11.3mm方钢成功。

- 1992年10月7日，总厂决定撤销二分厂建制，分别设立6个独立分厂，即第二炼铁厂（原炼铁车间）、第二炼钢厂（原炼钢车间）、中型轧钢厂（原中轧车间）、小型轧钢厂（原小轧车间）、第二运输部（原运输部、汽车队和车管间）、第二动力厂（原动力车修建队、工程管理科和机动科）。

- 1994年2月18日，对总厂及下设分厂进行机构名称变更。小型轧钢厂改名为第二小型轧钢厂；西区炼铁厂改名第二炼铁厂，西区炼钢厂改名第二炼钢厂，西区动力厂改名第二动力厂；原西区运输部改名第二运输部。

- 1995年10月9日，第二炼钢厂小方坯连铸机建成投产。

- 1996年，撤销第二运输部。

- 1997年9月2日，总公司本部主体工业区统称为第一工业区；原二区（西区）统称为第二工业区；区（济南铁厂区）统称为第三工业区；宽厚板厂所在区域称为第四工业区；新建标准件厂、动修厂所在的新东区成为第五工业区；郭店铁矿、汽车大修厂等单位所在区域为第六工业区。

- 1998年5月27日，中型轧钢厂试轧10号薄壁槽钢一次成功。

- 1998年10月15日，第二炼钢厂冶炼20锰硅矾丹合金钢获得成功。

- 1999年3月13日，第二炼铁厂24m²烧结机停产退役。

- 1999年8月2日，中型轧钢厂开发成功15号薄壁出口槽钢并投入批量生产。首批1000吨产品销往东南亚市场。

- 2001年12月21日，中轧厂成功轧制出7.5号和12.5号薄壁钢槽并销往东南亚国家。

- 2002年8月20日，中轧厂试轧不锈钢复合带钢成功。

- 2002年8月22日，第二小型轧钢厂成功试轧40mm螺纹钢。

- 2003年，水泥厂停工。

- 2003年1月27日，中型轧钢厂成功开发200mm×8mm扁钢。

- 2004年，第一动力厂、第二动力厂合并成立动力厂。

- 2004年11月11日，总公司第二炼铁厂1号120立方高炉11日零点停炉。

- 2006年4月11日，第一炼铁厂和第二炼铁厂合并，成立炼铁厂。

- 2007年12月22日，时任山东省委常委、副省长王军民实地查看第二工业区关停工作实施情况。

- 2007年12月25日，总公司第二工业区全线停产。

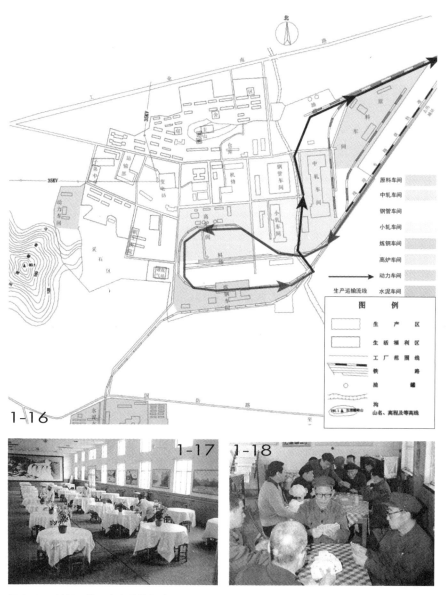

图 1-16　济钢二分厂生产流线图（以 1985 版平面为底图绘制）
图 1-17　职工食堂大餐厅
图 1-18　老干部在活动室

（二）时代背景

1. 双轨制和承包制

进入20世纪80年代，各行各业都迎来了新的发展契机，钢材价格"双轨制"出现端倪。1984年5月，国务院出台了扩大冶金企业自主权的十条规定，2%的计划内钢材价格可以上浮20%，超产的钢材及冶金原料、辅料、副产品可自销。此举措一经推开，取得良好的市场反响。1985年，企业自销产品政策进一步放开，钢铁产品开始全面进入价格"双轨制"。

1986年，我国进入第七个五年计划，随着改革的深入，钢铁工业的固定资产发生了两个重大变化：一是计划内经营项目的投资由拨款改为贷款；二是固定资产投资的主体由国家转向企业，由企业承担偿还固定投资的贷款本息。[1]1987年，承包制在一些大中型企业中试行。第二年，大型钢铁企业完成承包制改革，县以上国有钢铁企业承包制也达到87%。

2. 钢铁工业迈入市场化进程

1992年党的十四大提出建立社会主义市场经济体制的目标模式后，"精干主体，分离辅助"的钢铁企业制度改革迫在眉睫，建设现代企业制度成为改革的方向标。随后两年，现代企业制度改革在大中型钢铁企业中渐成燎原之势。随着市场搞活，企业自主定价的冶金产品目录不断扩充。

3. 新一轮突破

进入21世纪，随着中国钢铁工业的崛起，全国钢铁产量几乎每年都以5000万吨的速度递增。2003年，我国的生铁、粗钢和钢材产量已突破2亿吨大关，为世界之最。如此快速的增长为节能减排、产业优化带来潜在隐患。国家发改委于2003年、国务院于2005年相继出台了《关于制止钢铁行业盲目投资的若干意见》《钢铁产业发展政策》，通过市场、土地、管理、信贷等多种手段的介入，遏制钢铁工业盲目发展，清理整顿了一批在建和拟建的钢铁项目。国务院从产业技术、产业规划、布局调整、企业组织结构及贸易政策等各个方面对钢铁工业的未来发展进行了总体部署。截至2007年，我国钢产量达到4.94亿吨，占世界的36.4%。

---

① 中国钢铁工业60年发展的回顾与展望，凤凰网

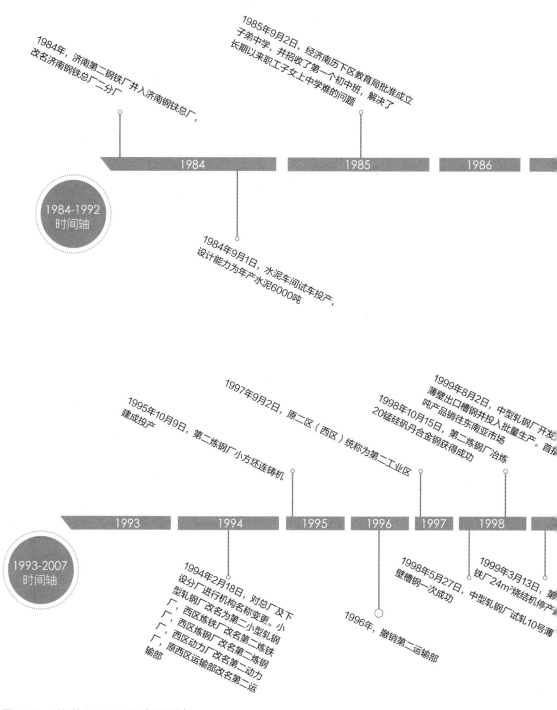

1984年，济南第二钢铁厂并入济南钢铁总厂，改名济南钢铁总厂厂二分厂，

1985年9月2日，经济南历下区教育局批准成立子弟中学，并招收了第一个初中班，解决了长期以来职工子女上中学难的问题

1984

1985

1986

1984-1992
时间轴

1984年9月1日，水泥车间试车投产，设计能力为年产水泥6000吨

1995年10月9日，第二炼钢厂小方坯连铸机建成投产

1997年9月2日，原二区（西区）统称为第二工业区

1999年8月2日，中型轧钢厂开发薄壁出口槽钢并投入批量生产。首批吨产品销往东南亚市场

1998年10月15日，第二炼钢厂冶炼20锰硅矾丹合金钢获得成功

1993

1994

1995

1996

1997

1998

1993-2007
时间轴

1994年2月18日，对总厂及下设分厂进行机构名称变更。小型轧钢厂改名为第二小型轧钢厂，西区炼铁厂改名第二炼铁厂，西区炼钢厂改名第二炼钢厂，西区动力厂改名第二动力厂，原西区运输部改名第二运输部

1996年，撤销第二运输部

1998年5月27日，壁槽钢一次成功

1999年3月13日，第铁厂24m²烧结机停产

1999年3月13日，中型轧钢厂试轧10号薄

图 1-19　时间轴 1984-2007（周扬绘）

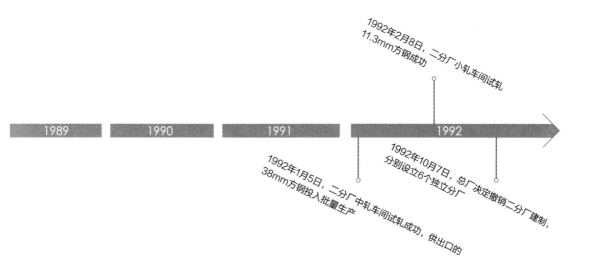

1992年2月8日，二分厂小轧车间试轧
11.3mm方钢成功

| 1989 | 1990 | 1991 | 1992 |

1992年1月5日，二分厂中轧车间试轧成功，供出口的
38mm方钢投入批量生产

1992年10月7日，总厂决定撤销二分厂建制，
分别设立6个独立分厂

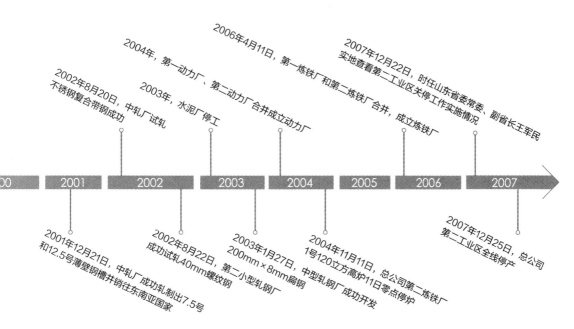

2006年4月11日，第一炼铁厂和第二炼铁厂合并，成立炼铁厂

2007年12月22日，时任山东省委常委、副省长王军民
实地查看第二工业区关停工作实施情况

2004年，第一动力厂、第二动力厂合并成立动力厂

2003年，水泥厂停工

2002年8月20日，中轧厂试轧
不锈钢复合带钢成功

| 00 | 2001 | 2002 | 2003 | 2004 | 2005 | 2006 | 2007 |

2001年12月21日，中轧厂成功轧制出7.5号
和12.5号薄壁钢槽并销往东南亚国家

2002年8月22日，第二小型轧钢厂
成功试轧40mm螺纹钢

2003年1月27日，中型轧钢厂
200mm×8mm扁钢 成功开发

2004年11月11日，总公司第二炼铁厂
1号120立方高炉11日零点停炉

2007年12月25日，总公司
第二工业区全线停产

第一章 建设之初：济南第二钢铁厂发展脉络

四、当代的转型

2007.12-2016.3

（济钢中型轧钢厂）

（一）发展脉络

中轧厂是济钢第二工业区最后一个生产单元。2007年济钢第二工业区绝大部分生产线已关停，仅中轧厂生产至最后时刻。厂区关停是企业化解产能过剩、转型升级的重要举措，更是满足济南城市建设长远发展的战略决策。停产后的中轧部分厂房和设备保留下来，用于建设工业主题公园。曾经的火龙蛟游、钢化闪烁代表着一种力量的升腾和精神的呐喊。济钢中型轧钢厂进入了历史转折的隘口，将播撒新希望的火种。

（二）时代背景

如果我们把钢铁产品的需求和钢铁工业发展的制约划定为两条线，那么21世纪前期，市场需求将是强劲的，发展的制约力也将日益强大，企业的发展之道取决于两线之间的平衡，人类社会与地球环境的和谐相处之日，将得益于钢铁工业走上绿色制造轨道之时。

钢铁企业重组将是21世纪全球经济化语境下的发展趋势，为了达到生产力效能的合理组合，将会呈现大型企业生产能力不断增强与专业性的中、小钢厂并存的产业生态。合理的运输半径、经济全球化对钢铁工业都是影响竞争力的重要因素。总的来说，在21世纪世界钢铁工业格局的瞬息万变中，我国钢铁工业发展与挑战共存。

图1-20　时间轴2008-2016（周扬绘）

五、济南第二钢铁厂物质空间变迁

建筑布局是工艺流程的物质呈现，通过梳理济南二钢的物质空间变迁可达到对工业遗存直观、整体的认识。工业产品的变化往往是工业遗存布局变化的主要内因之一。我们可以用以下的图示来表示：

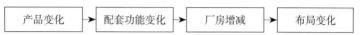

本书以大时代背景为分界点，将济南二钢发展变迁分为四个阶段进行梳理。捕捉到了厂区工业布局变化与组织管理、技术进步、人员调整有着紧密的关联。这些人、这些事宛如时间轴上一个个锚点，记录下岁月划过的痕迹。从二钢鲜活的例子中不难看出，遗产在形成中不是一蹴而就的，而是动态发展演进的，年代、重要事件等因素的一项主导或多项并起贯穿厂区变迁始终，从某种角度切分历史阶段便于整理布局规划情况，厂区的兴衰演变也就清晰可辨了。

钢厂名称变迁及存续时间表 　　　　　　　　　　　　表1-1

时间	名称	持续时间
1958年4月~1969年12月	济南生建钢铁厂	11年
1970年1月~1983年12月	济南第二钢铁厂	14年
1984年1月~1992年10月	济南钢铁总厂第二分厂	8年
1992年10月~2007年12月	六独立分厂，又称济南第二工业区；原中轧车间改为济南钢铁总厂中型轧钢厂	15年
2007年12月~2016年3月	济钢中型轧钢厂	8年

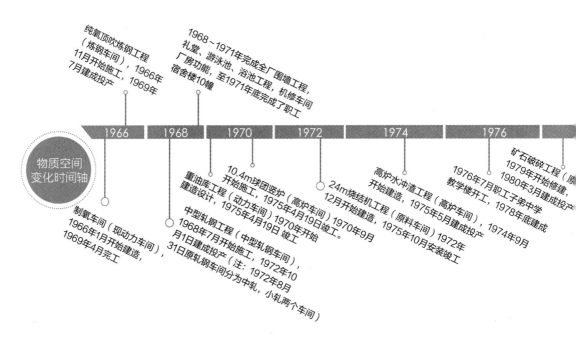

图 1-21　物质空间演进时间轴（周扬绘）

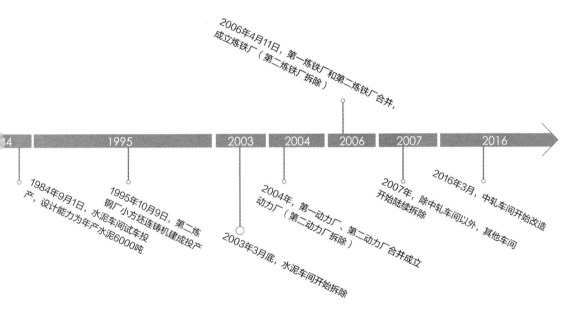

2006年4月11日，第一炼铁厂和第二炼铁厂合并，
成立炼铁厂（第二炼铁厂拆除）

| 4 | 1995 | 2003 | 2004 | 2006 | 2007 | 2016 |

1984年9月1日，水泥车间试车投
产，设计能力为年产水泥6000吨

1995年10月9日，第二炼
钢厂小方坯连铸机建成投产

2003年3月底，水泥车间开始拆除

2004年，第一动力厂、第二动力厂合并成立
动力厂（第二动力厂拆除）

2007年，除中轧车间以外，其他车间
开始陆续拆除

2016年3月，中轧车间开始改造

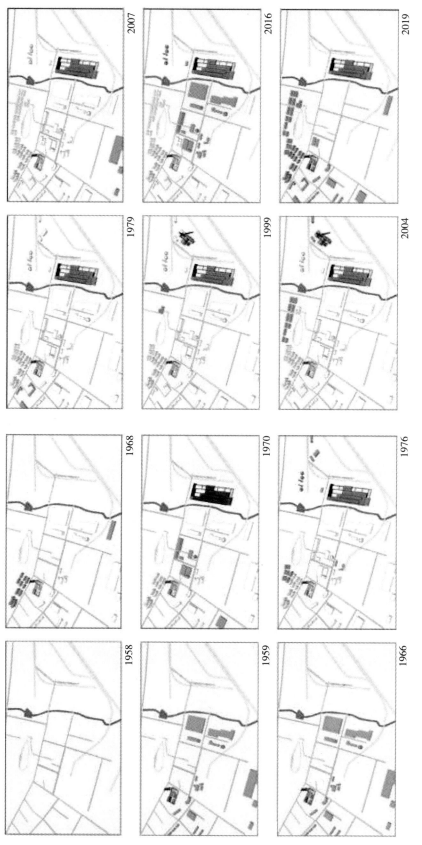

图 1-22　厂区的建设与拆除（韩子煜绘）

六、钢铁制造工艺流程

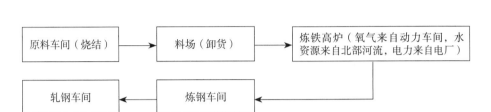

图 1-23　钢铁厂生产车间关系图

钢铁生产流程

钢铁生产工艺主要包括炼铁、炼钢、轧钢等流程，简要解释如下：

（1）炼铁：就是把烧结矿和块矿中的铁还原出来的过程。焦炭、烧结矿、块矿连同少量的石灰石，一起送入高炉中冶炼成液态生铁（铁水），然后送往炼钢厂作为炼钢的原料。

（2）炼钢：是把原料（铁水和废钢等）里过多的碳及硫、磷等杂质去掉并加入适量的合金成分。

（3）连铸：将钢水经中间罐连续注入用水冷却的结晶器里，凝成坯壳后，从结晶器中以稳定的速度拉出，再经喷水冷却。待全部凝固后，切成指定长度的连铸坯。

（4）轧钢：连铸出来的钢锭和连铸坯以热轧方式在不同的轧钢机轧制成各类钢。

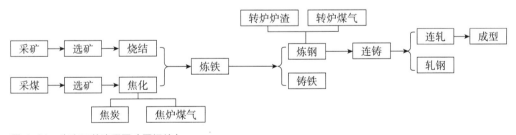

图 1-24　生产工艺流程图（周扬绘）

第二章

时空交响：
城市设计与环境营造

一、城市设计

（一）概念构思

济南中央商务区（简称CBD）的总体规划意图在对济南的自然环境和历史充分尊重的基础上，创建一个与自然和谐发展的宜居城市，充分利用轨道交通的毗邻关系，打造适宜步行的街道、极具吸引力的公共空间和特色片区。城市设计由国际著名设计事务所SOM[①]担任。

CBD的设计以小尺度的理念为基础。小尺度体现在小尺度街道、小尺度的建筑沿道路退界、小的路缘石以及小型公园上。小尺度地块打造了一个适宜步行的宜居城市，并创造了杰出的城市空间。

济南中央商务区的土地使用理念简洁清晰，创建了一个高密度商业开发中心，配合中密度开发，以及一个融合办公住宅、商业和文化功能的综合功能区，促进活跃度、宜居性，并为开发片区提供了一个灵活的经济框架。

总体规划围绕济南的五大历史特征——山、泉、湖、河、城展开。中央商务区将以绸带公

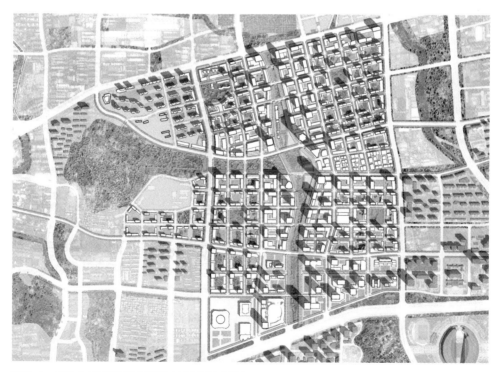

图2-1　济南中央商务区总平面图（城市设计方案）

---

① SOM建筑设计事务所是美国最大的建筑师和工程师事务所之一，拥有1800多名建筑师和工程师，曾获得美国建筑师协会1962年首次颁发的建筑企业奖。SOM的作品遍及美国和世界上40多个国家，当之无愧地成为世界上规模最大的综合性事务所之一。

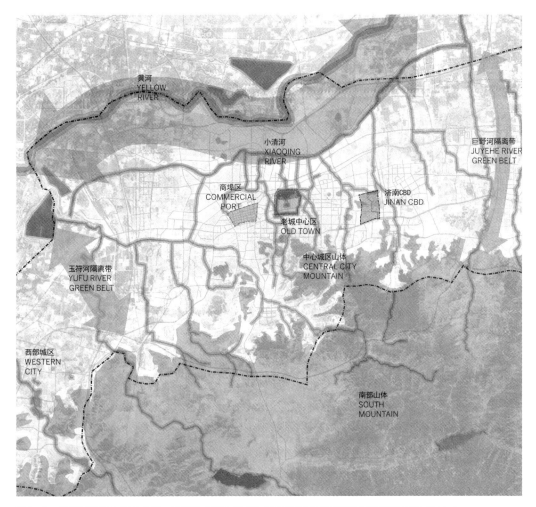

黄河
YELLOW
RIVER

小清河
XIAOQING
RIVER

巨野河隔离带
JUYEHE RIVER
GREEN BELT

商埠区
COMMERCIAL
PORT

济南CBD
JINAN CBD

老城中心区
OLD TOWN

玉符河隔离带
YUFU RIVER
GREEN BELT

中心城区山体
CENTRAL CITY
MOUNTAIN

西部城区
WESTERN
CITY

南部山体
SOUTH
MOUNTAIN

图 2-2　坐落于黄河和群山之间，济南的 CBD 将成为继济南老城和商埠区之后的第三代城市中心

园为中心，集合五座反映济南五大特点的标志性塔楼，打造标志性天际线、界定公园并形成令人赞叹的山城景观。

（二）路网结构

济南老城的道路网络既体现了中国传统城市规划的设计原则，也融入了地方特色，尊重自然，尊重山水。略微倾斜的道路走向、不对称的城门设置无不体现着这种传承与创新。商埠路网微微旋转角度，顺应了自然环境与风向，具有更好的生态效益。同时，尽可能多的理性格网布局，满足了市场交易的需要。

中央商务区的路网规划在很大程度上传承了济南老城与商埠区的格局，并融入新的特色与

图 2-3　济南五大元素——山、泉、湖、河、城

图 2-4　形态策略：济南 CBD 的整体形态策略为在场地中心创造了一个塔楼群，在区域公园周围布置较高的体量；场地边缘升高的体量会为场地创造一个明确的边界

调整，以便更好地适应新时期下的城市发展。主要包括：

（1）微微转向的道路；

（2）强调轴线的连续性，且并不强求规划上线性的布局方式；

（3）以标准网格作为基底，局部变化以适应自然环境；

（4）街道格网进一步减小，以便更好地适应交通方式的变化，并塑造适宜步行的城市环境。

图2-5 老城路网结构   图2-6 商埠路网结构   图2-7 中央商务区路网结构

二、景观系统

中央商务区将以其蜿蜒悠长、贯穿地块南北的绸带公园而闻名。一条活跃的南北向商业街通往绸带公园中心，同时由公园延伸出一个东西向公园，联系西侧的五顶茂陵山，赋予中央商务区鲜明的特色，也为市民提供了优美的公园绿地设施。两个方向的景观公园在夏季将植被的冷却风引入，可更好地调节区域微气候。场地内同时规划有各具特点的开放空间。

CBD在规划设计中强调显山露水，以彰显山水城湖特色。用贯穿南北商圈的中央绸带公园和打通东西的景观走廊共同架构中央商务区的景观。南北轴线上的绸带公园南起经十路，北至工业南路，全长2km，宽50～200m，形成核心开敞空间。公园融合了地形南高北低的态势，结合崭新的景观设计，在中间形成较大的水体。其中部规划了东西向的景观绿廊，长约500m，宽约80m，将西面的五顶茂岭山引入地块之中。未来将在茂岭山打造观景平台，成为观赏CBD天际线的最佳视点。以绸带公园和绿廊形成T形休闲空间，同时将整个片区分成三个象限，分别设置中心公园、圭山公园、西南片区公园、东北片区公园、东南片区公园。

图 2-8　景观系统

（一）钢厂公园

　　二钢的厂区位于绸带公园北段，工业遗存转变为公园的休闲文化设施，留存记忆的同时为公园带来灵感和活力。回望历史，昔日工厂选址的诸多因素已在城市发展的进程中涤荡陨灭，桃花峪、砚池山矿区已不存，黄台火车站的站房早已无列车停靠，历城火车站难觅原址。工业南路在城市东扩的极速推进中已由一条工业货运为主的道路转变为东部新城的交通动脉，道路两侧商住云集。

　　曾经的济南东郊在快速城市化的过程中崛起为未来城市的新中心。二钢的重生恰逢其时。绿色的绸带贯穿南北，它既是未来城区不可多得的绿肺，也是文化商务活动的聚集地。二钢的厂区将以济南中央商务区的钢厂公园再度被大众熟知。它南侧紧邻商务区中心地段，有城市道路通过，轨道交通7号线于地下通过，交通便利。

　　钢厂公园保留了中轧车间四组厂房中最西侧的一组，改造为中央商务区文化服务中心（以下简称文服中心），这是历史赋予它的崭新身份。虽然仅留存原车间的四分之一，但主框架轴间跨度21m，长度246m的巨大体量依然向我们展示着钢铁工业景观的恢宏气势。

　　钢厂公园在景观与绿化方面有不少可圈可点之处，东部开场区域保留了两组H形柱及其混凝土梁，原厂房内的老行车设备作为工业符号被安置在保留厂房南端的露天屋架梁上。这片露天区域将作为室外舞台使用。建筑北端新建工业雕塑一座，花坛边坡采用锈蚀钢板，以此烘托工业景观的特色氛围。文化服务中心配备的智能灯光照明系统使夜间的厂房灯光璀璨，灯光会随节日、时段的不同而变化。绸带公园将幻化为一道靓丽的光影绸带为城市夜景和市民休闲装点梦幻。

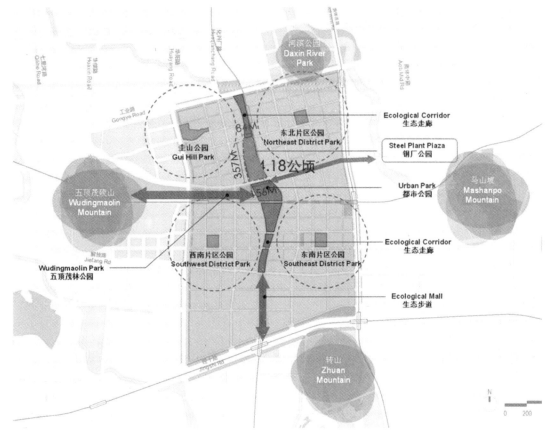

图 2-9　钢厂公园区位

（二）动线设计

　　对于一个长宽比近1∶13的线性建筑，在246m的长度中各功能如何便捷而快速地可达是空间规划最显著的问题。建筑师是空间的魔术师，用他们专业而精湛的设计手法奉献给我们一个使用方式适合各种人群和行为需要的"崭新"的公共建筑。

　　为了改善地面层的可达性，建筑中段有东西向步行道路贯穿。来自公园绿带的人流经东侧的工业主题公园引入，大量人流会从场地西侧的城市道路涌入，因此各功能区的主要入口均沿建筑西侧一字展开，利于通勤高峰或集会活动的高峰人流分散压力。建筑东侧安排的是办公功能，对应为内部入口、后勤入口，公园的美景可通过玻璃幕墙、高大窗扇的开放界面来观赏。

　　也许你会追问，参观者、工作者两类不同的人流如何共享这栋建筑，他们之间会不会相互干扰，抑或尴尬共处呢？

　　参观者将会由场地西侧的入口进入南区一层的规划展示馆，经中部室外展厅进入北区一层的艺术展示中心。结束参观活动后可方便到达规划展示馆西厅的书店咖啡馆休闲放松。

工作人员与参观者的动线是截然分开的。展馆办公人员自建筑北侧的办公入口进出，文创人员自中部的室外展厅进入南区北端门厅，直达二层办公区。

文服中心的商展流线也会不定期开启，熙攘人群从建筑西侧的出入口进入商展厅，自由参观，还可以从南端进入半室外展场参加互动活动。

二钢见证了社会主义钢铁工业的建设之路，具有一定的历史意义和保留价值。因此，在城市规划中，二钢的部分厂房被保留下来，成为景观的有机组成部分，并作为中部绸带公园的地标性建筑，承担公共文化服务功能。

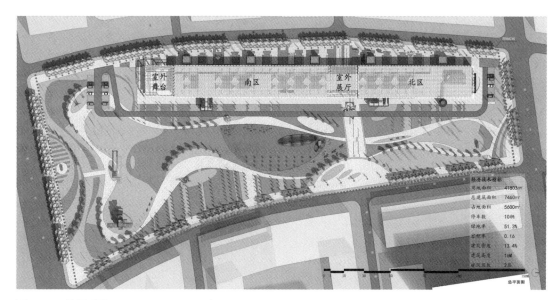

图 2-10 总平面图

图 2-11 施工阶段文化服务中心东北侧鸟瞰图

图 2-12 东侧夜景照明实景

三、灯光照明

　　文服中心外景灯光设计充分考虑到所在地环境为城市景观绿轴的重要组成部分，照明对象是有历史印记的工业建筑。因此，与基地公园环境的协调和工业建筑风貌的塑造成为景观照明的着力点。从场地的剖面关系来看，整个钢厂建筑应融入环境之中，所以在建筑立面的夜景处理上需统筹考虑，保持与公园景观夜间光环境的一致性。

　　设计分别选取了建筑西侧、东侧和南侧高视点三个观察角度着重营造（图2-13）。

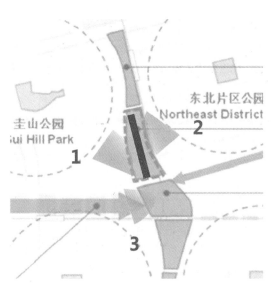

图2-13　视点选取（平面图）

1 西侧人视点——立面可见元素以复原的砖墙、立柱以及顶部钢架为主，着重体现材料的沧桑感和砖墙细腻的肌理；

2 东侧人视点——立面虚实结合，可见元素为突出的红色钢结构悬挑盒子、旋转楼梯；

3 南侧高视点——可清晰观察到建筑第五立面（屋面），同时考虑到与整个钢厂公园的协调融合

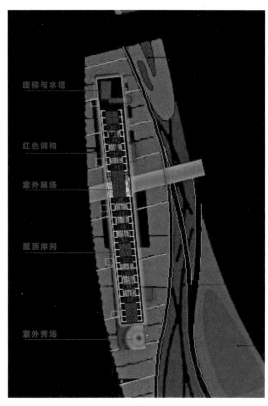

图2-14　照明设计策略平面图示

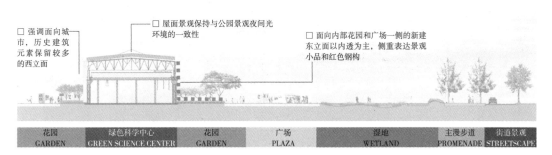

图2-15　照明设计策略剖面图示

1．屋面层

屋顶钢构架延续景观铺装元素的线性主题，突出建筑的整体感。同时屋顶水塔、旋转楼梯、红色钢构架这些突出的附属物形成高亮空间区域，视觉重点突出。

2．地面层

室外展场结合主要步行空间，形成地面的夜间光廊道以引导人流。室外秀场则加以舞台表现，形成趣味空间聚拢人气。

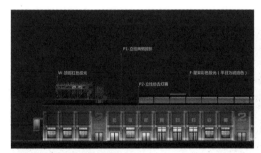

图 2-16　西立面效果图局部 1

图 2-17　西立面效果图局部 2

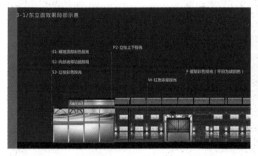

图 2-18　东立面效果图局部 1

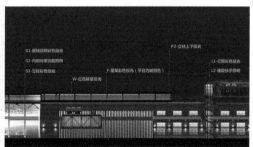

图 2-19　东立面效果图局部 2

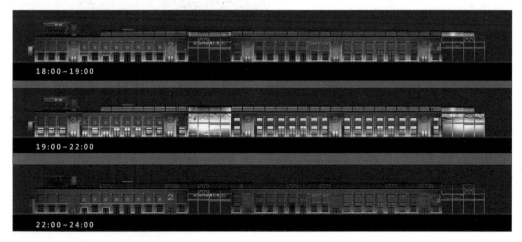

图 2-20　日常模式——西立面夜景

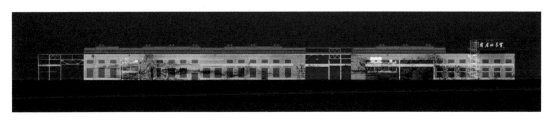

图 2-21　主题活动投影——《富春山居图》

图 2-22　东立面夜间实景

图 2-23　钢架及悬挑盒子夜间实景

图 2-24　砖墙面照明实景

图 2-25　钢构架夜间实景

图 2-26　屋顶照明实景

四、室内设计

工业建筑空间的室内设计有其自身特点。首先是本体强烈的工业风格，它们多是以坚硬、冷峻、非人尺度甚至是粗野的形式出现，而新生的室内空间需要实现亲人的尺度、有弹性的使用方式，以及温暖的材质触感。因此这个改换的本身就是对工业空间的一种挑战和比对。

文服中心的室内设计选用多组与厂房空间原有特征相反的意向和元素，给出了解决方案。

着眼于定位，文服中心既是往昔钢铁工业时代的重要见证，也是面向未来CBD的城市客厅，一个宽敞明亮的城市级展陈空间是必要的；从质感来说，钢筋铁骨的厚重和粗犷需要有柔软轻巧的视觉和触觉元素与之相调和，从而呈现出刚柔相济的丰富质感；从色彩来看，金属屋架和设备的冷峻以及生产空间的昏暗光线是冷色调的印象，因此明快的暖调色彩会凸显再生空间的活力。

室内设计都做了以下工作：

在色系搭配时选择了蕴含包容、静谧感的灰调作为整体室内的基底色，深浅相间的灰调地面将空间包裹起来，增建的直跑钢梯和楼板底面也大量使用灰色，它们共同构成了稳定的色彩基盘。外墙内侧运用石材、灰色水泥纤维装饰板，地面综合运用了深浅水磨石、灰色地砖和地毯。

新建的夹层运用代表温暖、亲和的原木色分割大的展陈空间和小的办公空间，原木色出现

图 2-27　室内设计色彩意向

于展厅和办公区的分界面上，空间功能的转换由色彩的变换来暗示。新建部分的墙、地面用垂吊木纹铝板、钢方通以及强化木地板包裹，令小尺度的空间感受更加宜人。

　　暴露在室内的原有结构柱子被粉刷成干净利落的白色。值得注意的是屋架的刚连系杆件起辅助的结构作用，刷成深灰色，三角屋架是主体受力构件，刷成了白色。在视觉上起到了突出三角屋架的效果。色彩处理使结构层次分明，区分了新与旧。

　　另外，红色运用到新建结构柱、悬挑盒子内墙面起到了提色、点缀的作用，使空间更加活泼。整体来看，室内空间与色彩纷呈的厂房外观相比是含蓄而内敛的。或许这是要为它所服务的展览、办公做足够的留白，包容使用的多样性。

　　老钢厂改造之前主要是以砖墙、钢梁和混凝土柱为主要结构，整体有一种粗糙的质感。在新的改造建筑中，大量运用表面平顺光滑的材料、透明玻璃来塑造空间的现代感和公共开放的空间属性。此外，在新设计中，墙、地面大面积地使用木材或木纹理材料铺设，为空间平添更细腻的质感。

墙面	 垂吊木纹铝板 1) 100mm×50mm, 1.5mm 厚铝方通，表面丝网印木纹 2) 配套金属安装龙骨	水泥纤维装饰板 1) 10mm 水泥装饰板 2) 粘结层 3) 10mm 厚水泥压力板基层	 石材 1) 20mm 厚石材 2) 云石胶粘结层 3) 10mm 厚水泥压力板基层	 玻璃隔断 1) 6mm+0.76mm+6mm 钢化玻璃夹透明 PVB 膜 2) 上下插槽安装
地面	 深浅水磨石 1) 40mm 厚彩色水磨石整浇层，表面磨光 2) 10mm 厚 1：1 水泥砂浆结合层 3) 30mm 厚 1：3 干硬性水泥砂浆找平层	 木地板 1) 15mm 强化复合地板 2) 12 厘板木基层，专业粘结剂粘结	 灰色地毯 1) 500mm×500mm, 6mm 厚尼龙块地毯，进口尼龙纤维，原丝染色，防静电处理 2) 配套地胶垫	 地砖 1) 10mm 厚玻化砖，板缝灌浆擦净 2) 15mm 厚 1：1 水泥砂浆结合层 3) 8% 胶水掺纯水泥浆打底（晾干）

图 2-28　室内设计用料表

图 2-29　室内实景 1

图 2-30　室内实景 2

图 2-31　室内实景 3

图 2-32　室内实景 4

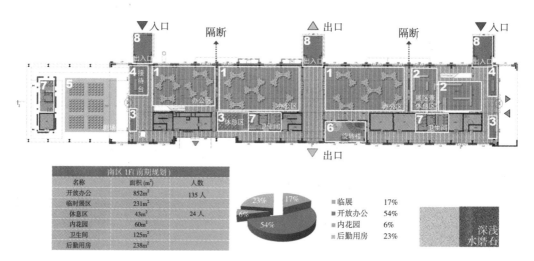

南区 1F(前期规划)		
名称	面积 (m²)	人数
开放办公	852m²	135 人
临时展区	231m²	
休息区	43m²	24 人
内花园	60m²	
卫生间	125m²	
后勤用房	238m²	

- 临展　17%
- 开放办公　54%
- 内花园　6%
- 后勤用房　23%

深浅水磨石

图 2-33　南区一层平面

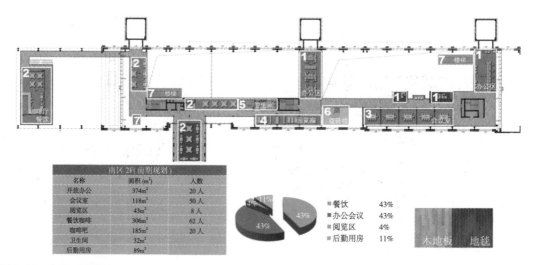

南区 2F(前期规划)		
名称	面积 (m²)	人数
开放办公	374m²	20 人
会议室	118m²	50 人
阅览区	43m²	8 人
餐饮咖啡	306m²	62 人
咖啡吧	185m²	20 人
卫生间	32m²	
后勤用房	89m²	

- 餐饮　43%
- 办公会议　43%
- 阅览区　4%
- 后勤用房　11%

木地板　地毯

图 2-34　南区二层平面

入口　　　　　　　　　　　　　　　　　　出口

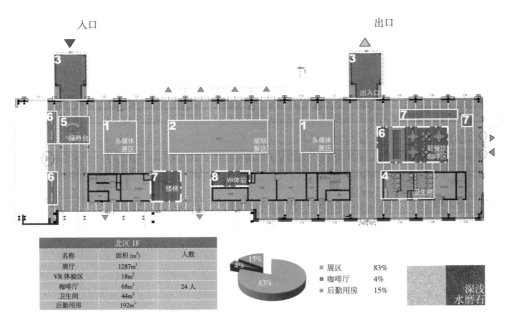

北区 1F		
名称	面积 (m²)	人数
展厅	1287m²	
VR 体验区	18m²	
咖啡厅	68m²	24 人
卫生间	44m²	
后勤用房	192m²	

- 展区　83%
- 咖啡厅　4%
- 后勤用房　15%

深浅
水磨石

图 2-35　北区一层平面

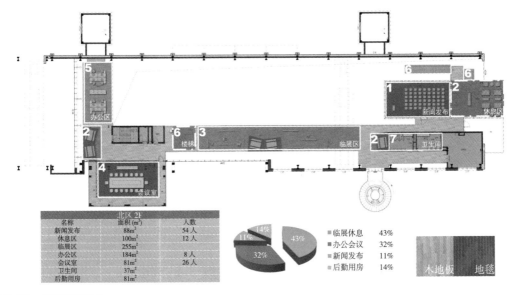

北区 2F		
名称	面积 (m²)	人数
新闻发布	88m²	54 人
休息区	100m²	12 人
临展区	255m²	
办公区	184m²	8 人
会议室	81m²	26 人
卫生间	37m²	
后勤用房	81m²	

- 临展休息　43%
- 办公会议　32%
- 新闻发布　11%
- 后勤用房　14%

木地板　　地毯

图 2-36　北区二层平面

第三章

建筑奥义：
中轧车间的空间再生策略

一、工业建筑空间再生理论

文明的车轮滚滚向前，踏过工业时代的印辙还未隐没，人类就已疾驰到信息化时代的隘口。曾经创造巨大物质财富的工业厂区停、转、废现象比比皆是。辉煌一时的工业建筑和工业用地如今改变了用途，甚至闲置、衰败、荒废。如何将这些建筑物和用地重新利用，让他们再次回到城市生活中来？工业遗存活化是全社会关注的问题。

发展与保护之争在工业遗产的活化中表现突出。工业遗产与其他文化遗产相较有显而易见的差异。首先，这些建筑物或构筑物为工业生产而建造出来，尺度巨大，形式粗犷，与生产设备衔接紧密，与其说是建筑，不如称其为机器的工棚；其次，工业遗产在建筑特点上有一种机器化、非人性的尺度和空间，这样的空间场所难以和现在人们的生活、工作活动相关联。因此，要把这些人类工业文明创造的巨大"怪物"像保护其他历史建筑遗产那样对待是不大现实的。社会各界对工业遗产的保护有很大的关注度，多是从不同角度谈论保护的意义如何重大，而对于建筑设计而言更多的思考与挑战是如何去实现保护与发展共赢的问题。

我们大略可以把面临的挑战归纳为三大主题：建筑学、城市、民用化。

建筑学——"空间再利用，是工业遗存建筑学研究的核心意义。"这需要通过充分、适宜的空间再利用手段，来达到工业建筑的保护和空间的再生。

城市——"城市复兴，是工业建筑城市环境层面的任务。我们对工业建筑的改造利用不应只关注单体，而应更重视整体的城市空间环境，外部公共空间、交通流线等诸多因素"，向原有的工业建筑实体注入城市生活的内容，从而使得失去生命力的工业建筑重新融入未来的城市环境。

民用化——工业建筑因机器、货运、仓储等功能需要导致大尺度空间，因此与各种民用空间尺度的模数转化关系应该成为设计重点。[①]

为了应对这些挑战，我们需要一种有效的认识和思考的方法。在此借用荷兰建筑师约翰·哈布瑞根（N. John Habraken）教授提出的"支撑体"理论[②]。把建筑的组织结构分为支撑和填充两大部分。支撑是结构性的、预设的、稳定的、标准化的；填充是附加的、可选择的、可变的、个性化的。实际上我们正是把工业建筑的结构看作"支撑部分"，把新引入的空间看作"填充部分"。由于工业建筑的结构并非专门为"支撑"民用建筑空间而设计，因此，在它难以适应"填充部分"的情况下是可以适度改造结构的。

---

① 杨侃，赵辰. 工业建筑空间再生法初探. 新建筑，2012（2）：10—16.
② 在荷兰爱德霍文大学任教的哈布瑞根教授出版了《骨架：大量性住宅的另一种途径》一书，提出了将住宅设计分为"骨架"和"可拆开的构件"的概念，"骨架"是以工业化方法兴建的，"可拆开的构件"也是工业化产品，如同其他商品一样可以选购，且其使用寿命要比"骨架"短得多。这样，住户在使用过程中还可根据人口组成、经济情况及生活习惯乃至兴趣爱好的改变而重新布置或更换"可拆开的构件"，这就为住户参与住宅的设计和建设过程提供了可能，并使这种工业化住宅的最终产品具有无穷的多样性与适当性。

在工业建筑改造中发展支撑体理论有三大好处，一是可以延长厂房寿命，节能、节地、节材、节水，减少环境污染；二是可以新旧动能转换，带动相关产业发展，有效拉动经济增长；三是挖掘工业厂房存量空间的潜力，利用原有厂房的耐久结构建造灵活可变的现代公共空间。

如果我们把一个建筑从建成到拆除的全过程比拟为建筑的生命周期，那么它在这或漫长或短暂的一生中无时无刻不在动态演进着。外部环境、内部业态以及使用者的各种调试和增补都在改变着建筑的样貌。

像二钢这样经历从工业建筑到民用建筑用途巨变的建筑并不多。那么这彻头彻尾的改天换地能否让建筑益寿延年呢？仅是修缮维护得当是否就可一劳永逸、高枕无忧呢？确保一栋建筑、一个街区持续焕发生机活力还依赖于在地社群的良性使用和持续维护，以及恰当的未来发展的定位。那么文服中心都做了哪些长远打算呢？

首先，愿景中的文服中心符合中央商务区规划，体现文化主题，使建筑充分融入城市和环境。工业建筑厂房高净空、大开间的特点易于改造为对室内场地要求较高的艺术、展览以及集会观演类功能，也有如798、上海8号桥、艺仓美术馆等一系列成功改造案例的佐证。因此文化中心的定位契合基地特点，也填补了片区功能的空白。

其次，保持厂房20世纪60年代的工业建筑样式，延续形象特征。结构体系尚佳，以保留维护为主，缺损构件补齐，围护结构补砌。根据新的功能设定做适度改造，从而达成空间再生的目的。新结构的造型表现力通过构架外露、鲜艳的防锈漆色彩得以凸显。原厂房中的行吊车、H形柱作为新的室外景观进行安置。

再次，因借绿轴优势，营造景观亮点。中轧厂房的空间再生不仅是内部功能的置换，更是区位环境的升级，改造后的文服中心掩映于一片苍翠之中，是绸带公园绿轴的一段，景观价值与功能使用并重。因此，有多条园区绿径、人行步道环绕厂房，通到各出入口及厂房中部室外广场。夜间照明及灯光秀也是文服中心贡献的重要景观价值。

最后，功能可变，空间富有弹性。建设期的展示中心、指挥中心、服务中心、商展中心、

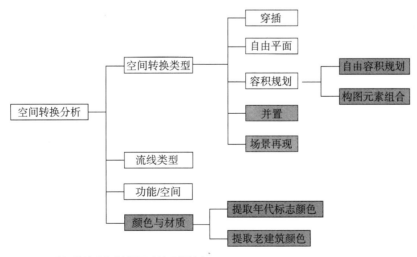

图3-1　空间转换分析树状图（韩子煜绘）

会议中心五大功能，在成熟期分别转换为规划展示、文创办公、艺术展览、商展秀场、实验剧场五大功能。设计充分考虑各功能对空间、面积的需求，合理安排，前后功能对空间的基本需求一致。文服中心的出现本身已表明重视现有空间再利用的建设导向。尽可能地减小功能转化过程中的改建量，大拆大改已不是老旧厂房应对城市更新的唯一出路。

学者杨侃曾从功能空间、流线类型、空间转换类型三方面入手，运用支撑体理论阐释工业建筑改造的策略与方法。本书将依照这一思路分析中轧车间的活化再生问题。

二、功能 / 空间

用符合空间再生需求的小区块、小单元填充原工业建筑的大空间。小空间的加入带来层高、交通、功能的一系列民用化改造，从而达到充分、高效利用原有大空间的目的。例如把旧厂房的大空间改造为市场，用标准摊位填充，再如将厂房改造为立体停车场。

中轧车间的厂房近250m的超长尺度空间单一。活化需要清空生产机械后接纳城市公共空间的介入。基于公共活动的需求以及满足防火和疏散的需要，以厂房中央步行道路为界划分为南北两区。两区功能相对独立，将跟随CBD地区的建设推进不断调整。在CBD建设期间，北区承担规划、服务中心职能，南区作为建设指挥中心和规划展厅使用；CBD竣工后各分区转化为创意办公、文化艺术展示以及商展秀场，到那时，文化服务中心的名字将实至名归。

三、空间转换类型

建筑改造注重新与旧关系的建立，形成不同的空间转换类型，这包括穿插、自由平面和容积规划。

容积规划——是指新加入的功能空间根据自身特性、使用需求和组织关系来确定在工业建筑空间中的位置。不拘泥于楼层限制，立体地使用空间。[1]

自由平面——是指在工业建筑中加入楼板进行竖向划分，从而使垂直高度符合民用尺度，水平方向保持空间开敞通透的状态。

穿插——是指新加入的空间、体量超出待改造工业建筑的外围护空间限定，有时需要顺应外部环境的秩序，而与原工业建筑的固有空间、结构秩序发生冲突。[1]

---

[1] 杨侃，赵辰. 工业建筑空间再生法初探. 新建筑，2012（2）：10—16.

基于这一策略分析，笔者尝试在空间转换类型中增补若干子项，以期完善支撑体理论在工业建筑空间再生中的运用。

并置空间关系——新加入的空间或体量与原建筑空间是并列的关系，在使用功能上为新建建筑空间，服务于原建筑空间，但新空间不与固有空间结构关联。

自由容积规划——在设计上不受厂房楼层、规律结构网格的限制，考虑每一种新增功能应有的最佳尺度和空间形状，通过交通流线将之组织在老厂房的空间之中。

文服中心改造设计在空间上主要使用了穿插、自由平面和并置三种方式。具体来说，建筑首层采用自由平面方法，获得了连贯的展示空间，交通流线自由。二层，西立面上五个盒体规律性地穿插进老厂房之中，它们是暖通机房和部分附属功能，东立面的两个大体块是向室外悬挑的会议室。加建的二层穿插入主体空间，既增加了使用面积，丰富了空间层次，又利用二层步道系统获得了交通流线的连贯。

若干技术功能上支持原建筑的设备空间，则采用并置的方式，隐没在建筑的地下室中，以此与被服务空间互不干扰。

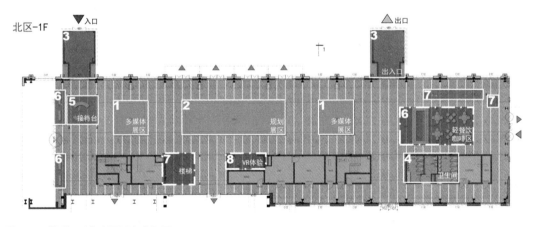

图 3-2　首层运用自由平面方式布局

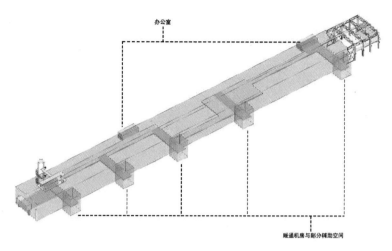

办公室

暖通机房与部分辅助空间

图 3-3　东西立面上穿插的盒子体量（韩子煜绘）

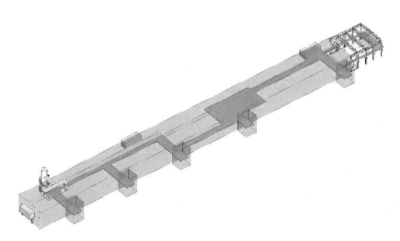

图 3-4　二层采用漫步方式的路径（韩子煜绘）

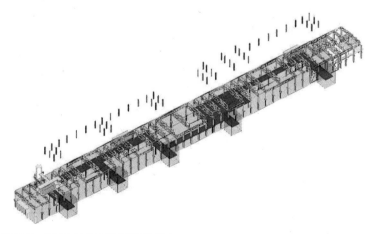

图 3-5　新加入结构体系（韩子煜绘）

四、流线类型

杨侃运用支撑体理论将工业建筑引入交通流线归纳为回廊、漫步、道路三种，并给出描述性定义：

"回廊——是指用廊道、路径将同一楼层的各功能空间进行连接，而不同楼层之间，通过相对集中的垂直交通空间连接。

漫步——是指用廊道、路径将不同楼层的功能空间进行连接，这种流线类型不追求快速便捷的可达性，而更加注重人在空间行进以及视听体验的连续性。同时漫步还能在不同标高上与城市公共步行系统相连，使空间体验的连续性进一步延伸。

道路——是指让城市道路穿过工业建筑，将城市公共交通引入工业建筑空间内。"

中轧车间的空间改造主要体现了漫步和道路两种类型。一层的主要功能为展览空间，流线为回廊，其中加入了许多方便驻足停靠的休闲空间，也可以在闭展时方便快捷地到达其他功能。

新设计的二层步道属于漫步与回廊的混合形式，将其间的小型展室、办公空间用一系列楼梯组织，流线短捷。随活动标高的提升，使用者"漫步"其间，在连续的行进中不时被两侧斑驳的墙面和头顶的原始屋架等工业元素吸引。在漫步中体会到平整挺廓的新建"盒子"和粗犷拙朴的厂房空间所产生的强烈对比。新与旧直面彼此，老厂房成为工业文明展示和传承的场所。

中轧车间的长度达246m。根据国家法规，当建筑物的沿街长度超过150m或总长度超过220m时需设消防通道。为兼顾工业遗存保护与消防要求，设计者通过在恰当位置保留主体框架，去除原厂房的外墙，并在牛腿柱上部辅以厂房行吊车工业元素作景观点缀，获得原来4跨柱距的净空，不但使城市消防道路能从中穿过，也为超长的建筑体量划定了节奏感。这一改动也带来了建筑与绸带公园的进一步联系，视觉通廊被打通，在高楼林立的商务环境中呈现出恰如其分的工业景观，"激活"了这座沉寂已久的旧工业建筑。

五、结构可变分析

根据支撑体理论，虽然我们设定工业建筑的结构是相对稳定而永久的，但具体项目实践中依然需要有所改动。包括两种情况：一、基本结构单元不变，组织关系发生改变；二、基本结构单元因为本身的变形或其他系统的介入而发生"变异"。结构组织改变比较简单直接，常通过拆除和增加若干结构单元体，并做加固处理，从而维持强度和稳定性。结构单元变异可分为附加、叠加、并置三种。中轧车间在改造中综合运用了二种方式。

"附加——另一种结构单元附着于原有结构体的基本结构单元，新增结构体产生的荷载及其承受的荷载部分施加在原有结构体之上。

叠加——另一种结构单元附着于原有结构体的基本结构单元，新增结构体产生的荷载及其承受的荷载全部施加在原有结构体之上。

并置——新增加的结构体与原有结构体不接触，因而不直接增加原有结构体的荷载。"[1]

本案保留了老厂房的结构体系，辅助结构加固。中轧车间的外墙存在不同程度的修补和重建，新砖墙通过扶壁柱与结构主体拉结，是典型的附加做法。厂房北端屋顶上的观景平台是一个轻巧的集装箱，坐落于原结构之上。此方案的实施得益于老厂房坚固的屋架系统，其承载力经结构检测证实依然良好。

并置是内部加建的主要结构策略。支撑二层的结构是与老建筑并置的钢结构体系。内外分离的结构使建筑内部空间划分灵活，两套结构体系互不干扰，从而杜绝了基础不均匀沉降带来的安全隐患。

六、小结

中轧厂房的空间再生，首先在功能性质上实现了从工业到民用的转变，新功能的实现是改造的核心问题。其次，配合空间再生规律的探讨重点在于空间尺度的转换和新旧结构体系的互相适应。最后，交通流线、工业景观的合理使用将有利于工业建筑全方位融入济南CBD新区的城市空间环境。

工业建筑遗存的恰当利用是一种变相的保护，在复杂的城市环境中，建筑学的任务不仅局限于处理好一栋建筑，更需要整合协调各种因素，大部分的工业建筑遗存都与更大范围的城市环境相关联。

对工业建筑本体保护的必要性是有限度的，没有整体复兴的必要，这可能也是中轧车间有选择地保留西侧一跨厂房的现实考量。从社会的角度来说，工业文明的消亡或迁移是社会发展的规律。我们真正需要保护和复兴的对象应该是城市本身，而落实到济南CBD的发展，面向未来的中央商务区文服中心将是二钢中轧车间的美好未来。只有在改造设计中充分考虑工业遗存和城市的互相渗透、交流、融合，才能做到城市区域的真正复兴。

---

[1] 杨侃，赵辰. 工业建筑空间再生法初探. 新建筑，2012（2）：10—16.

第四章

重生之路：
中轧车间的设计与建造

一、建筑遗存概况

保留车间经专业技术鉴定勘明主体厂房的地基基础可靠性优良，足以延续使用；基础上部承重结构的混凝土排架可靠性略低于国家现行标准，但不明显影响整体安全，可以延续整体正常使用；门窗、墙体等围护结构的情况相对较差，极不符合国家现行标准规范的可靠性要求，已严重影响整体安全。

中轧车间经历风雨依然筋骨强健，稍事休整便可再展风采。其地基基础和上部承重结构的质量尚可，有改造再利用的基础，但目前的建筑安全性不达标，因此需要对原厂房进行加固，保证安全使用。

如此庞大的建筑，改造工作必然复杂而繁重，这里需妥善应对的不仅是建筑本体物质层面的修复加固，更有功能层面的重新定义和对未来不同时期业态适应度的充分考量。工业建筑因大跨度、高净空、结构工整的特点具有巨大的功能适应潜力。那么，从轧钢车间到文化服务中心的蜕变之路是怎样一步步走过的，请跟随笔者一路细数。

图 4-1　原中轧厂房鸟瞰图

Step-1

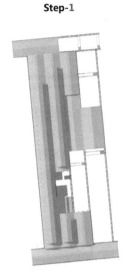

Step -2

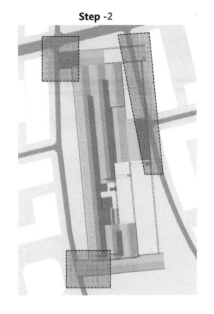

Step -3

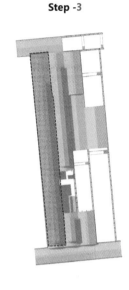

图 4-2　厂房的保留拆除示意图

第一步，现状建筑整理，将建筑各要素进行分类评估；

第二步，厂房与规划方案叠加，将与规划道路冲突的部分拆除；

第三步，中轧车间西跨主体结构良好，风貌完整，立面样式具有典型时代特征，体量适中，适合进一步改造利用

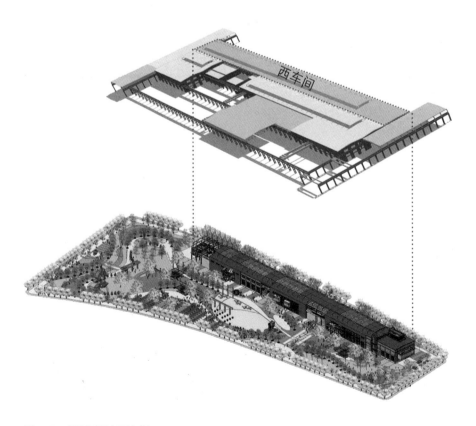

图 4-3　保留原厂房西车间

总建筑面积：18165㎡
总占地面积：27091㎡
层数：1层

图 4-4　厂房原状（东北侧航拍）

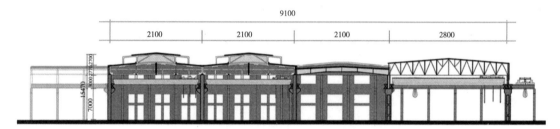

图 4-5　中轧车间原始四跨厂房横剖面，最左端为工棚

二、结构更新策略

　　基于厂房现状和未来使用的需求，改造设计指导思想基本确定为保留原厂房的结构体系，遵从原有的建筑风貌和立面造型比例，尽可能地还原和传承老厂房所蕴含的历史价值和文化意义，同时融入适应新区发展的文化、商业、服务功能，为历史建筑注入新的活力。

　　厂房本体的修复加固工作最早展开，基于原有的结构尽可能地保留修复，对损毁严重不能承担结构功能的部件进行加固或替换，最大限度地保留历史感。厂房的新建部分与保留部分在结构上脱离开来，保证建筑使用的安全，同时在新旧的对比中凸显历史的痕迹。

　　改造后的建筑是一个老厂房嵌套新建筑的模式，新建部分作为植入体，谦逊而谨慎地避让了原厂房的主体结构。在旧建筑几乎毫发未伤的前提下不动声色地增加使用面积，营造了理性、简洁的文化建筑室内空间。

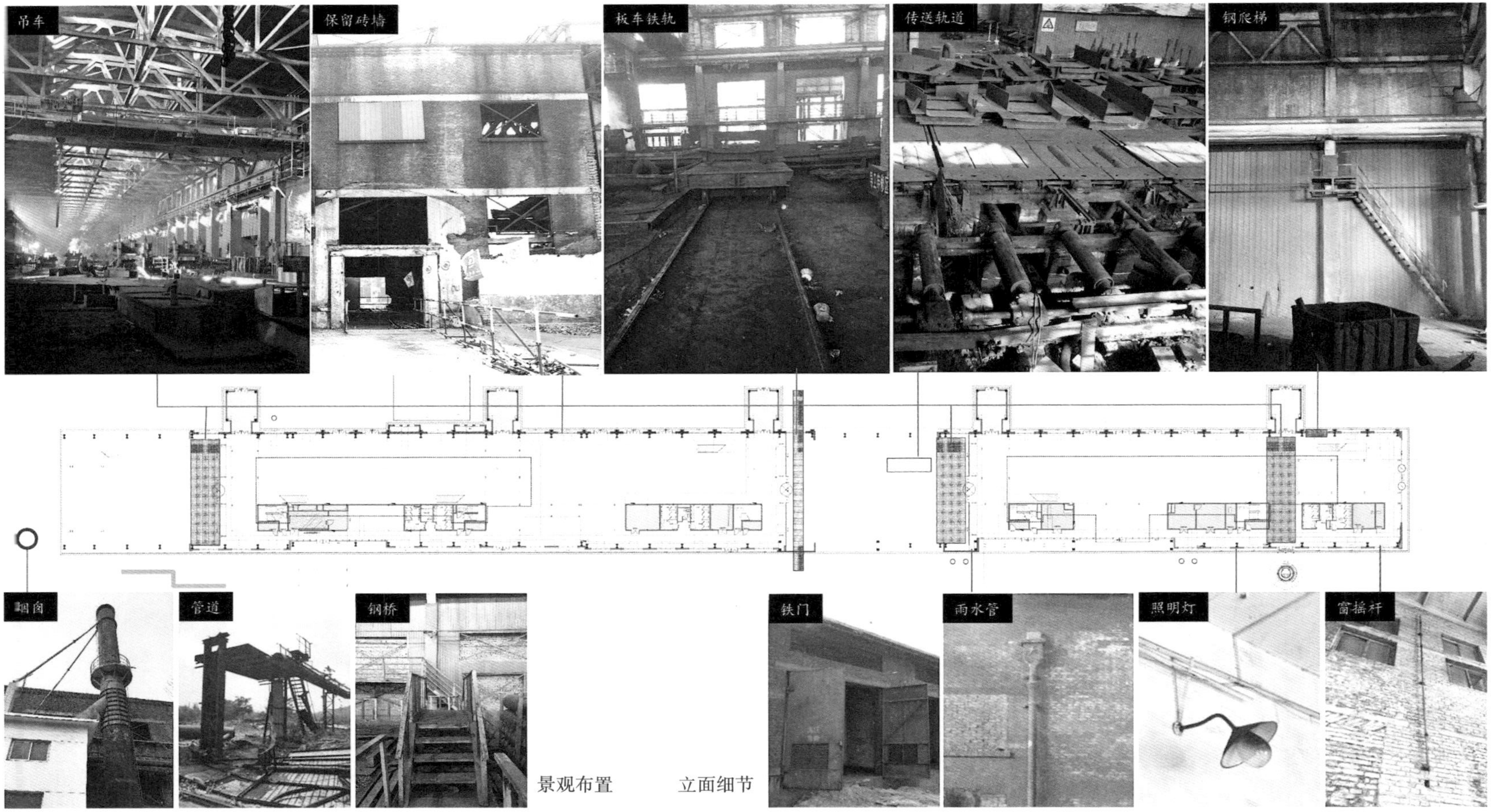

图 4-6　厂房改造前遗存情况

（一）插曲：丢失的①轴

中轧车间改造更新的图纸轴号是从②轴开始的，这是一件不寻常的事情。

一般的工程图用轴网作承重结构的定位，具体的编号规则是：水平方向自左下角从①轴开始连续标注，竖直方向自左下角从Ⓐ轴开始连续标注。轴号方便查找轴线，不易遗漏；如遇改扩建工程可在既有轴线后添加新轴号，或作图纸变更时添加轴号。由此可见，轴线以增添为主，删减却是不多见的。据施工人员介绍，轴号的设定并没有错误，而是继承了原始图纸的编号方法，那么为了解开谜题，我们可能要在过往的历史中寻找答案。

开启二钢建厂伊始的尘封蓝图，中轧车间的设计图[①]成稿于1969年1月～1970年2月，时为"山东省地方国营济南生建钢铁厂"。从屋面结构布置到柱间支撑详图都有详尽的记录，但未出现一张常规意义上的建筑设计总平面图、平面图、立面图、剖面图。由此推测，在当时，中轧车间是作为一个服务钢铁生产的设备外罩而设计的，实用性远比作为一栋建筑更加重要。但幸运的是我们找到了"丢失的"①轴。原来在现存厂房南端还有一组跨度达18m的钢结构屋架与之相连。其上覆盖与主体相同的屋面板。但恐怕①轴的屋架早已灭失，所以为取得后期设计与初始建设方案图面表达的一致性，我们看到的是以②轴为开端的设计图，同理第㊹轴也已荡然无存，我们仅能借过往图纸想象21m大跨度钢筋混凝土构架的结构之美，力量之美。

此疑惑的揭开不禁让人钦佩负责改造更新的建筑师对历史的尊重，以及图纸一致性的传承，这仿佛是一次跨越时空的设计接力，当代选手隔空接过前辈的任务，两代人在同一张草图上继续勾勒二钢的未来。

老蓝图中若干富有时代特征的鲜活细节令人印象深刻。生建钢铁厂的建设正值中国经济建设大干快上的非常时期，全行业都洋溢着饱满的工作激情，民众将日常工作与国之兴衰命运紧密关联，处处体现着主人翁的自豪感和忘我的工作热情。几张图纸的留白处写着"没有工业，便没有巩固的国防，便没有人民的福利，便没有国家的富强"；"抓革命，促生产，促工作，促战备"；"在定计划的时候，必须发动群众，注意留有充分的余地"。在那个年代，图纸也发挥着思想建设的阵地作用啊。

（二）屋架

原厂房进深大，窗扇不足，造成室内亮度低且光线不均匀。屋面预制板已达设计使用年限，老化破损严重，亟待更换。在改造设计中借鉴博览类建筑高大空间的设计手法，对于整体结构性能较好的混凝土屋架不多做干预，采用角钢加固修补个别区域，其上设置钢龙骨，铺设玻璃天窗。这一举措不仅效果显著地改善了室内采光效果，提升了空间舒适程度，也实现了室内环境的革新。

---

① 笔者查阅到的版本为济南钢铁厂资料室1975年3月10日复制版的"中型轧钢车间厂房结构图"，图纸共计102张，未注明设计单位。

砖墙清洗

西立面现状

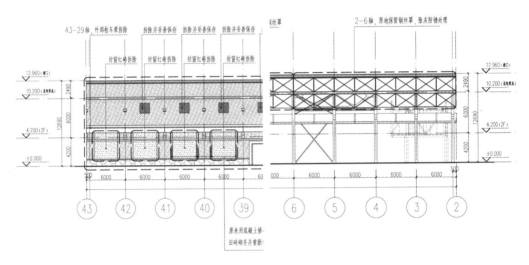

修复位置

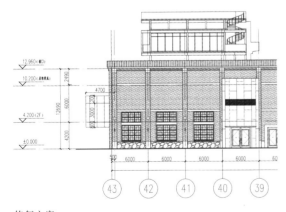 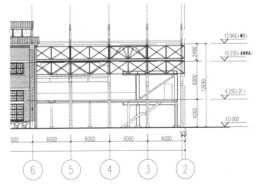

修复方案

图4-7 中轧车间西立面现状照片、修复位置及修复方案 ㉟～㊸轴

图4-8 中轧车间西立面现状照片、修复位置及修复方案②～⑥轴

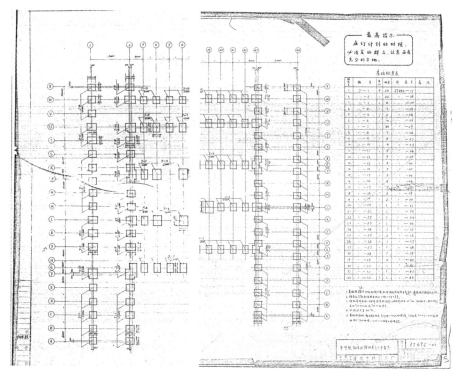

图 4-9　中型轧钢车间钢筋混凝土筑基平面布置图（①-⑥轴，1969年登录版）

图 4-10　中型轧钢车间钢筋混凝土筑基平面布置（图 ㊴ ～ ㊹ 轴，1969年登录版）

图 4-11　图纸标语细节 1

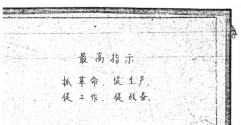

图 4-12　图纸标语细节 2

图 4-13　图纸图签细节（1969年登录版）

（三）屋顶

原厂房屋面预制混凝土板老化严重，出现破损漏水的情况，威胁到下部结构安全。因此改造设计用直立锁边铝镁锰金属屋面系统替换原始屋面结构，并根据换新位置的不同，实施了桁架梁上新建金属屋面板、原屋面板上新建金属屋面板两种构造做法。新屋面结构简洁、轻巧，整体防水，安装迅速灵活，简化了高空作业。完工后的深灰色金属屋面板与采光顶融为一体，成为建筑第五立面上的重要工业特征。

（四）墙面

厂房原红砖墙面破损严重，部分位置被粉刷、瓷砖、零散管线覆盖，整体质量较差。金属与砖墙形成对比，新老构件相互呼应，利用材质的不同完成历史与未来的对话。清理砖墙表面粉刷，替换残损，以节能门窗补充原有洞口，饰以工业风格金属构件，与原加固构件融合，丰富立面效果。在保证清水砖墙外立面效果的前提下，采用内保温和轻钢龙骨隔墙或夹心砖墙的形式，实现保温节能；根据结构柱具体情况进行支撑加固。

图 4-14　原厂房南段屋架

图 4-15　原厂房预制混凝土屋面板

图 4-16　原厂房西墙面，图示为三种污损情况交界处

图 4-17　原厂房地面情况，图右下方为水池基坑

（五）地面

　　厂房地面由于长期受轧钢锻造作业的高温重压，导致破损严重，地面被重金属、污水腐蚀冲刷，大型设备清空后留下杂乱的基础坑穴。改造采用深浅相间的水磨石地面，完成面的平整度高，素雅美观，耐磨损抗冲压，施工速度快，经济效益显著。光洁的地面犹如一块天然反光板，照亮了厂房原本粗粝昏暗的空间，给工业建筑带入了强烈的极简主义室内设计美学情趣，恰如其分地适应了未来文化、商业服务的功能气质。

三、结构改造方案

　　中轧车间竖向承重结构为钢筋混凝土排架柱，屋架为预制钢筋混凝土桁架，屋面采用预制钢筋混凝土板，墙体采用混合砂浆烧结黏土砖砌筑，原厂房于1969年建设，后期曾进行天窗架加固、西围护墙体改造等施工。改造前出现部分排架柱混凝土破损胀裂、面层裂缝的现象，原钢结构支撑也有缺失损坏。

　　东侧原有车间已经拆除，因此东立面仅保留结构体系，而没有外墙。西立面原外墙墙面局部破损严重，部分位置被抹灰、油漆、零散管线覆盖，围护结构整体质量较差。

　　室内地面存有较多建筑垃圾以及埋在地下的设备混凝土基础，这些为后期开挖地下空间带来了困难。室内顶棚及墙面污染严重，行车、行车梁顶面以及屋面存有较多油污和粉尘；屋面原为大型混凝土预制板，面层为三毡四油和混凝土基层，薄厚不一，以上在后期的清理维修中都成为棘手问题。

　　中轧车间在原有建筑基础上改扩建，为保证结构安全，加固施工未完成前不进行构件的拆除作业。得当的措施可以让这座老厂房延年益寿，使用期限达30年。根据中轧厂房的特点施工顺序为：

先加固、后拆除，

先清理、后修复，

先地下、后地上，

图4-18　西立面改造前实景

图 4-19 东立面改造前局部实景

图 4-20 东立面改造前局部实景

图 4-22 梁头细部

图 4-21 破损的排架柱

先结构、后装修，[①]

各专业交叉配合、流水施工。

各项主要施工内容如下。

（一）加固工程

（1）对原有排架柱、桁架梁等有裂缝、胀裂及露筋缺陷的混凝土结构进行加固处理。

（2）对原有排架柱的柱间支撑存在锈蚀损坏及缺失的结构进行替换和补缺。

（3）屋架支撑及支撑节点存在锈蚀、缺失现象的需按照原有的形式替换和补缺。

（4）原有部分预制混凝土屋架表面开裂，需进行加固处理。

（5）屋面天窗架混凝土开裂、露筋的需进行加固处理。

（6）西立面外墙围护结构、门窗洞口需进行加固处理。

（二）拆除工程

（1）将厂房原结构、行车、屋面的积灰清除、冲洗干净。

（2）对原有混凝土屋面板的防水层、砂浆面层进行破除清理。

（3）原有混凝土屋面板部分拆除，更换新屋面板。

（4）拆除原厂房东侧建筑物残留排架柱上的混凝土梁茬。

（5）拆除厂房原有压型钢板、桥架、电缆支架等失去使用价值的钢构件。

（三）修缮工程

（1）对厂房西、北立面保留的原有砖墙，进行保护修缮。

（2）对厂房保留下来的钢柱、钢梁和行车等构件进行清理、除锈、刷漆。

（3）对露天跨的混凝土结构进行修缮保护。

（四）支护工程

室内新建地下室基坑支护采用排桩加锚索支护形式。

---

① 先加固主体结构，保障受力体系的稳定性，再拆除残留的梁茬、破损的屋面板以及生产设施；先剥离、清洗污损的面层，使历史信息暴露出来再修复；先进行地下室施工，后进行地面以上部分施工；先进行原有结构的施工，再做室内隔层加建及室内装饰设计。

（五）新建工程

（1）室内新建地下室，基础形式为防水底板，框架剪力墙结构。用于放置空调、采暖、强电弱电以及消防设施。此举措隐藏了工程设备的视觉干扰，保证厂房室内空间和立面造型纯粹的工业特征。

（2）室内新建空间采用钢结构主体，填充墙为加气混凝土砌块，加建部分相当于在大房子里套了小房子，结构与原厂房脱开，从而保护了旧建筑的结构安全，并在形象上获得了新建部分的鲜明特征。

图 4-23　整体鸟瞰效果图

图 4-24　施工期间北端鸟瞰

（3）东立面新建围护结构，采用内外保温相结合的方式，外砌加筋装饰砖，装饰面造型复杂，做法多样。

（4）新建屋面板，包含直立锁边铝镁锰金属屋面以及玻璃采光顶。

（5）新建钢结构悬挑旋转楼梯，通过钢结构平台连接屋面观光平台。该楼梯不仅是建筑东立面醒目的构件，也在工程技术上达到了业内高水准。

（6）门斗、局部幕墙10m标高以上，采用耐候钢板幕墙。

（7）幕墙工程：屋面采光顶，局部玻璃幕墙，门斗与外墙连接封闭玻璃幕墙。

四、加固工程

根据设计图纸以及抗震鉴定报告，原厂房结构存在以下情况：

（1）现场混凝土排架柱等混凝土构件表面存在缺陷，需进行加固处理。其中裂缝小于0.2mm可不处理；不贯通裂缝≥0.2mm采用结构胶涂抹；裂缝≥0.2mm采用灌注环氧砂浆封闭裂缝法；表面钢筋锈蚀、混凝土开裂、露筋等现象的排架柱，采用外粘型钢加固法。

（2）柱间支撑形式为X型，两端与排架柱焊接连接，柱间支撑已缺失的需按照原有的形式替换和补缺。

（3）屋架水平支撑、垂直支撑、系杆及支撑节点普遍存在锈蚀现象，部分缺失，需按照原有的形式替换。

（4）预制钢筋混凝土屋架因混凝土开裂需进行加固，加固形式为钢结构加固。

（5）屋面天窗架混凝土开裂、露筋等现象严重，采用钢结构加固。

（6）西立面外墙围护结构局部破损、风化，采用外砌扶壁柱形式进行加固。

（7）门窗洞口等需增加钢筋混凝土构造柱进行加固，以及其他情况的结构加固。

图4-25　对厂房排架柱进行排查

图4-26　对厂房桁架梁进行排查

图 4-27　轴柱间支撑破损　　　　　　　　　　图 4-28　天窗架梁柱破损

（一）排架柱加固主要施工方案及技术措施

1. 裂缝表面封闭处理

对排架柱需粘贴钢板（角钢）部分进行包钢处理前，应首先按设计要求对裂缝进行灌缝或封闭处理。

对宽度小于等于0.2mm的混凝土裂缝，不做处理。对宽度大于0.2mm且不贯穿的混凝土裂缝，仅采用表面封闭的方式，即在裂缝口表面处理后，用改性环氧胶涂抹，保证表面裂缝材料固化后均匀、平整，不出现裂缝，无脱落。具体工序如下：

①用压缩空气将裂缝周边清理干净；

②用丙酮沿缝长洗刷裂缝表面；

③将配置好的结构胶，用力均匀地刮抹裂缝表面；填塞一定要饱满；

④待结构胶完全固化后，用角磨机打磨裂缝表面，使混凝土表面平整。

2. 混凝土开裂破损缺陷的修补

蜂窝麻面、开裂、松散、破碎、剥落等损伤部位及钢筋外露区域，采用人工凿除将该处松散、污损的部位清除，使该部位露出坚硬密实的部分，并保证该部位无污油、油脂、灰尘以及附着物等影响修补效果的物质。详细施工方案如下：

①首先将开裂、松散、破损部位表层劣质混凝土人工凿除，直至露出新鲜、密实混凝土，剔除修补结合面（开凿后的表面）浮石，并对锈蚀的钢筋表面进行人工除锈处理，涂刷钢筋防锈剂；

②在浇筑前将基面用水充分湿润并除去明水，在基面上均匀喷涂或涂刷一层环氧树脂胶液；

③用灰刀或抹刀将高聚物快速结构修补料分层、均匀地将破损面修补平整、密实；每次制拌的环氧砂浆，从制拌开始至修补结束，时间不得超过30分钟；

④用塑料薄膜将修补面覆盖，喷水保持湿润。常温下，3～4小时后可结束养护，或根据结构强度要求和预留试件强度试验结果决定是否结束养护。

3．灌注粘贴钢板

需进行外粘型钢加固的排架柱完成表面裂缝和破损修复后，进行以下施工。

①混凝土表面处理：根据设计图纸的要求并结合现场测量定位，在需包钢加固混凝土的表面放出钢板位置大样，使用角磨机打磨需包钢混凝土表面2~3mm厚的表层浮浆、油污等杂质，基层的混凝土要打磨平整，最后用无油压缩空气吹除表面粉尘或清水冲洗干净并保持干燥。

②安装钢板：依据现场混凝土构件的实际放样进行钢板下料，然后将钢板的粘贴面用磨光砂轮机或钢丝刷磨机进行除锈和抛光处理，必须打磨出金属光泽。将角钢与箍板焊接固定，并保证钢板与混凝土表面的间隙在3mm以上，以确保灌注胶层的厚度在3mm以上。

③封边：在钢板边缘插入预留管，然后用耐候胶封闭钢板边缘，完成封边。注入管布置间距为1~2m。

④灌注：按照灌注胶产品说明书要求的比例配制结构胶。用泵将粘钢灌注胶从注入嘴灌注到钢板和混凝土的空隙中，灌注工作持续到所有排气管均有胶液流出。在灌注过程中，用橡皮锤敲打钢板以确认是否灌注密实。

⑤钢板表面防腐处理：经检验确认钢板粘贴固化密实效果可靠后，去除所有注入管和排气管，并清除钢板表面污垢和锈斑，对外露钢板进行防腐处理涂装。底漆防锈漆一遍，面漆醇酸调和灰漆两遍。

4．外粘型钢加固法

混凝土排架柱加固采用外粘型钢加固法，四周角钢L100mm×5mm，新增缀板—60×4@300。加固范围：角钢底部顶住原有基础面，顶部至标高2m，同时确保加固型钢在排架柱缺陷面以上1m，露天场地的排架柱加固至柱顶。施工工艺如下图。

图4-29　排架柱原貌

图4-30　剔除松散混凝土

图4-31　涂刷阻锈剂

图 4-32　搅拌环氧树脂胶液

图 4-33　涂刷环氧树脂胶液

图 4-34　混凝土修补料配比

图 4-35　排架柱修补

图 4-36　焊接型钢

图 4-37　使用耐候胶封口

图 4-38　排架柱包角钢加固

图 4-39　压力注粘钢胶

（二）柱间支撑补缺

根据图纸及现场查看比对，原设计8处柱间支撑，仅存上、下柱间支撑2处，其余柱间支撑已破损或者缺失，所有缺失部位，按照原有柱间支撑现场补齐，上支撑规格为2L90mm×90mm×8mm，下支撑规格为L75mm×6mm。

（三）屋架支撑补缺

屋面水平支撑、垂直支撑、系杆及支撑节点普遍存在锈蚀现象，局部位置杆件锈蚀严重，甚至存在端部连接螺栓及角钢锈蚀，螺栓螺纹已锈平。要求替换上、下弦水平支撑的端部螺栓及角钢。现场必须安装好支撑后，方可拆除屋面板和加固屋架。

（四）屋架加固

有9处屋架需要加固，为增加屋面通道，其中两轴屋架采用角钢进行加固，利用原有螺栓孔对穿螺栓固定两侧角钢，严禁在梁上开孔。

（五）天窗架加固

屋面天窗架由于经历约50年露天风吹日晒，混凝土梁柱风化严重，表面开裂、露筋，甚至连后期改造加固的构件也已锈蚀，混凝土系杆出现断裂、脱落现象，严重影响结构安全，在拆除屋面板之前，必须完成天窗架的加固工作。

（1）所有天窗架外侧混凝土柱先将原有锈蚀钢构件拆除，然后采用包角钢L63mm×6mm加固，缀板—5×60@600，顶面采用环氧砂浆修补封闭，并根据图纸补齐柱间支撑。

（2）拆除所有天窗架混凝土系杆，采用100mm×100mm×5mm方钢管进行替换。

（3）采用8mm厚钢板对天窗梁进行加固，并与混凝土柱角钢进行斜撑连接。

（六）西立面外墙加固

根据抗震鉴定报告，围护结构安全性评定等级为D级，即极不符合国家现行标准规范的可靠性要求，已严重影响整体安全。根据设计图纸及国家现行标准规范要求，需对西立面外墙进行加固处理。

加固方式标高：10m以下砌筑扶壁柱，扶壁柱内部为钢筋混凝土构造柱，纵筋化学植筋锚入原基础，水平钢筋化学植筋锚入原排架柱，施工要求扶壁柱达到清水砖墙效果，扶壁柱灰缝与砖墙灰缝宽度相等，采用深灰色砂浆勾缝，扶壁柱底部及顶部表面要求为清水混凝土效果。

标高10m以上采用钢板与屋架拉结形式进行加固。

图 4-40 补缺柱间支撑

图 4-41 屋架加固

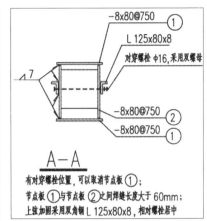

图 4-42 屋架加固节点大样

图 4-43 加固中的屋面

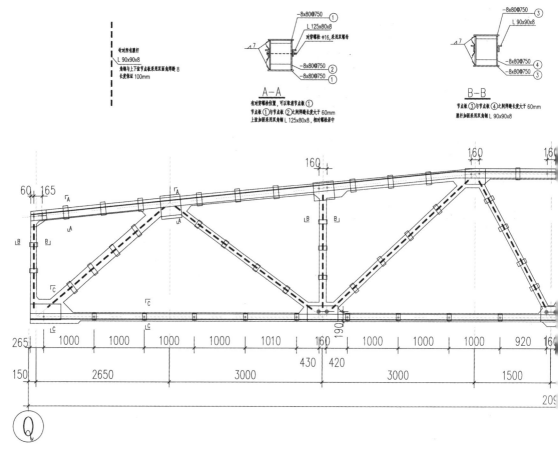

杆对所有腹杆
L 90x90x8
角钢与上下弦节点板采用双面角焊缝 8
长度保证 100mm

−8x80@750 ①
L 125x80x8
对穿螺栓 Φ16，采用双螺母
−8x80@750 ②
−8x80@750 ①

A—A
有对穿螺栓位置，可以双层节点板 ①
节点板 ①与节点板 ②之间焊缝长度大于 60mm
上放加固采用双角钢 L 125x80x8，相对螺栓居中

−8x80@750 ③
L 90x90x8
−8x80@750 ④
−8x80@750 ③

B—B
节点板 ③与节点板 ④之间焊缝长度大于 60mm
腹杆加固采用双角钢 L 90x90x8

图 4-44　屋架加固示意图

图 4-45　天窗架结构原状

图 4-46　天窗架系杆拆除

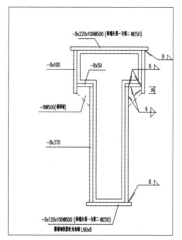

图 4-47　T 形金属构件加固详图

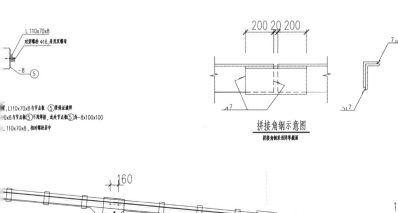

拼接角钢示意图
拼接角钢采用同等截面

L 110x70x8
对穿螺栓 Φ16,采用双螺母
-8 ⑤

，L110x70x8与节点板 ⑤焊缝需满焊
0x8与节点板⑤不用焊接，充满节点板⑤作-8x100x100
110x70x8，相对螺栓居中

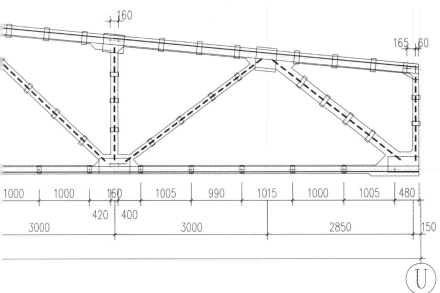

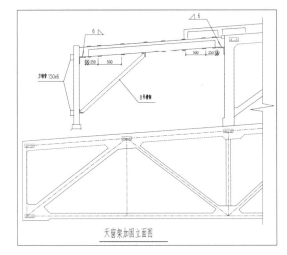

图 4-48　天窗架加固设计方案

图 4-49　拆除原有锈蚀钢构件

图 4-50　混凝土梁包钢板加固

图 4-51　混凝土柱包角钢、系杆替换

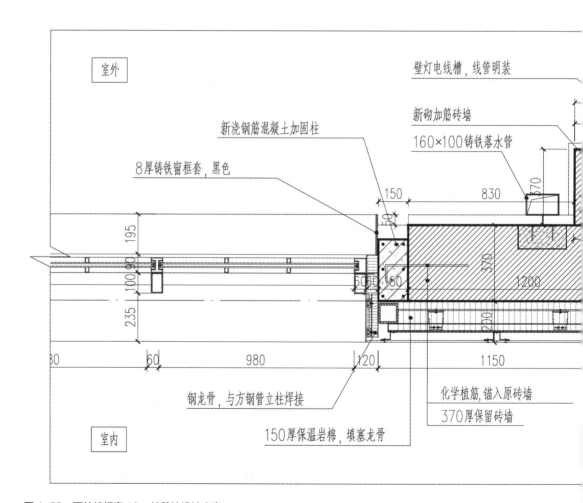

图 4-53　西外墙标高 10m 扶壁柱设计方案

图 4-52　混凝土梁包钢板加固

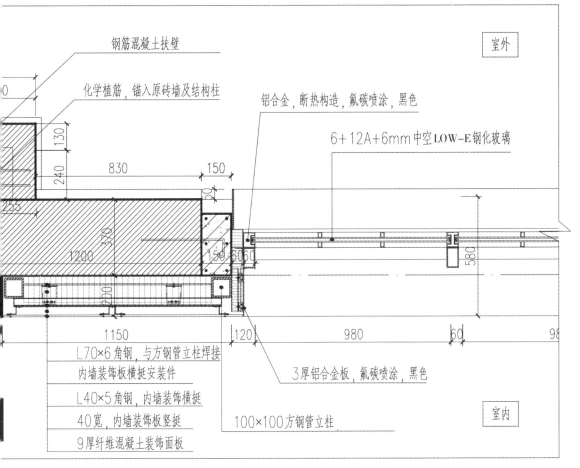

钢筋混凝土扶壁

化学植筋，锚入原砖墙及结构柱

室外

铝合金，断热构造，氟碳喷涂，黑色

6+12A+6mm中空LOW-E钢化玻璃

L70×6角钢，与方钢管立柱焊接

内墙装饰板横挺安装件

L40×5角钢，内墙装饰横挺

40宽，内墙装饰板竖挺

9厚纤维混凝土装饰面板

3厚铝合金板，氟碳喷涂，黑色

100×100方钢管立柱

室内

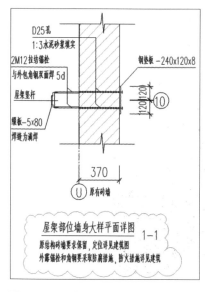

图 4-54　西外墙 10m 以上墙体加固　　　　图 4-55　西外墙扶壁柱

（七）门窗洞口加固

根据设计要求，对于现场洞口宽度大于1m的需要进行加固处理，加固形式采用钢筋混凝土构造柱加固，纵筋植入顶部圈梁以及底部窗台压顶内。

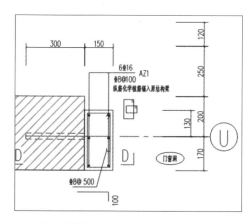

图 4-56　门窗洞口加固设计方案　　　　图 4-57　门窗洞口加固前　　　图 4-58　门窗洞口加固后

（八）室外混凝土结构修缮

②～⑥轴为室外空间，需先完成排架柱和桁架梁结构加固工作，将混凝土构件表面浮浆、灰尘清理干净，修补裂缝，然后采用水性渗透型混凝土保护剂喷涂，达到提高混凝土耐久性、保护立面效果的目的。

图 4-59　桁架梁顶积灰
清理　　　　图 4-60　排架柱加固完成　　　图 4-61　表面浮灰清理　　　图 4-62　桁架梁刷保护剂

图 4-63　屋面板拆除中航拍

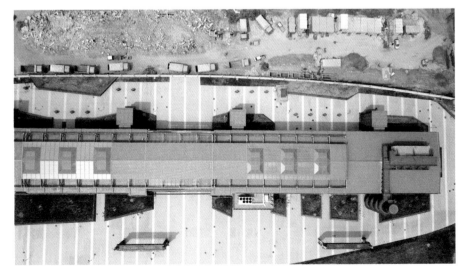

图 4 G4　屋面板完成航拍

第五章

更新与织补：
精细化施工详析

（一）屋面的拆除工程

1．清理积灰

由于厂房常年生产，厂房结构顶表面、行车、屋面等部位都积聚了厚厚的灰尘和油泥。例如桁架梁顶面积灰约50mm，行车及行车梁顶积灰厚达200mm，有的局部厚度竟达到了

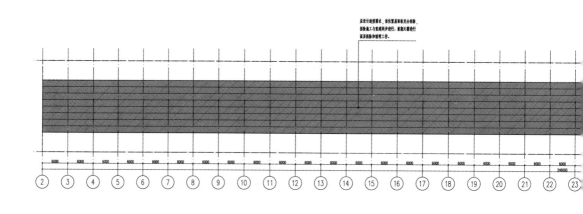

图 5-1　屋面 16.3m 标高拆除范围

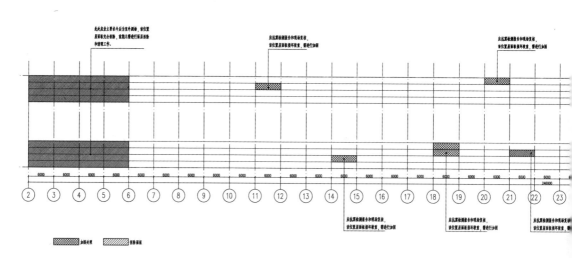

图 5-2　屋面 13.5m 标高拆除范围

300mm。较薄的灰尘采用人工清理后，使用高压水枪冲洗干净。较厚的灰尘层采用人工清扫。为避免造成扬尘污染，先进行洒水降尘，再人工装袋，吊装至楼下并外运。

除了浮于表面的尘灰，经年累月的生产让燃烧产生的烟尘侵入了混凝土深层，其结构表面受污染呈现黑色。清洁方案首先尝试打磨清理，但烟尘侵入已深，打磨掉外皮的内里依然呈现黑色，效果不甚理想。后经与设计单位沟通，变更方案为涂料面层，协调混凝土的整体色彩。

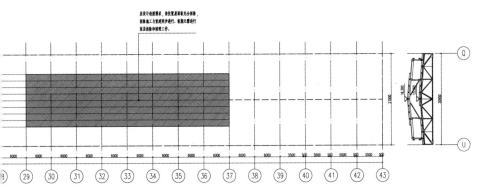

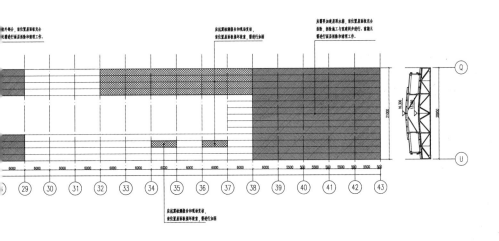

图 5-3　行车及行车梁顶部清理

图 5-4　屋面积灰油泥清理

图 5-5　屋面油泥积灰清理

图 5-6　使用高压水枪清理梁顶积灰

图 5-7　第 ㉟ ～ ㊱ 轴顶棚清洗

2. 屋面板保护性拆除

原混凝土屋面板拆除是拆除工作的重中之重。

车间建设于1968年，因为缺乏有效的维护保养，屋面板已严重破损、老化。结构强度等级变低，根据设计要求，对于质量较差以及因改造需要拆除的屋面板进行保护性拆除。何为保护性拆除呢？拆除过程中既要保证施工安全，又要保护原有梁柱等主体结构不受拆除影响。这就好比将建筑

图5-8　屋面板拆除专家论证会

骨骼上附着的甲壳一片片取下并且不伤害到筋骨。需要拆除的屋面板距地面高度达18m，施工难度进一步加大。为保证拆除工程的安全施工，特别研究编制了屋面板拆除专项施工方案，并组织了专家论证。

轧钢车间是南北走向、等坡屋顶的巨型厂房，因此在规划拆板顺序时也遵循了由南向北、由屋脊向两侧依次拆除的施工顺序。

原有建筑高度约18m，东西跨度21m，单块屋面板尺寸为1.5m×6m，单块屋面板重量约为1吨。这么大的板片实际承担在梁上的受力面单边宽度平均为5cm，拆板作业稍不留神就有坠板危险，因此拆装需十分谨慎。经验算并核对各型号汽车吊性能表，选用75吨吊车进行屋面板拆除吊运，该型号汽车吊臂长44m，回转半径30m，顶端最大吊装重量1.3吨，满足安全施工要求。

关于屋面板拆除使用的垂直运输机械的选择，在方案编制阶段进行了反复讨论，对比塔吊与汽车吊之间的利弊，最终选择了更加灵活的汽车吊，究其原因，一是中轧车间南北长度246m，覆盖整个施工区域且满足吊装要求需安装6台QTZ80塔吊，仅能用于屋面施工，大型机械进出场费、租赁费、塔吊司机及信号工人工费用过高，使用周期短，性价比低，且不利于安全管理。二是屋面板吊装前需将吊钩钢丝绳适度拉紧，塔吊瞬间起重高度过高，如屋面板与屋架未完全脱离，易造成塔吊倾覆或者破坏原厂房结构，有较高的安全隐患。

在屋面板首次拆除过程中使用75吨汽车吊，回转半径30m时，无法覆盖整个拆除区域，回转速度较慢，汽车吊调整位置耗时较长，单日仅拆除28块屋面板，效率较低。之后更换为覆盖面积更大的120吨吊车，单日拆除50余块屋面板，提高了效率的同时，安全性更高。

（二）新建金属屋面

二钢中轧车间的原始屋面是由中部凸起气窗和两侧坡顶屋面组成的复合屋顶，具有典型的新中国成立初期工业厂房的特征。经历半个世纪的风雨，屋顶的梁柱和面板早已超龄服役，或

破损或酥碱，油毡防水层也已丧失功能，或龟裂或起翘。改造方案以崭新的直立锁边暗扣式板型屋面系统覆盖屋面，其中屋面天窗架梁柱加固、新建金属屋面板铺设，以及天窗架柱墩节点构造都是施工的难点。施工中针对这三个难点采用多组解决方案比对，最终实现了建筑艺术与施工技艺的协同呈现。

首先了解直立锁边暗扣式板型屋面系统（以下简称"屋面系统"）为何是屋顶改造的尚佳选择。

一般金属屋面在大温差情况下的热胀冷缩是不可避免的，对于中轧车间长达246m的长度，即便是微小应力造成的变形累计也将成为巨大的结构隐患。直立锁边暗扣式板型屋面系统通过滑动式的T形支座，将铝板的热胀冷缩平均分配同步胀缩，使巨大的温度应力通过适当的胀缩得以舒缓，而不会将板块挤压变形或拉裂，从而保证整体系统在50年的使用过程中安全地工作。该体系单块板块的长度可达120m，板块间无任何潜在漏水的搭接缝，充分保证完全的防水。

二钢项目的新建屋顶有采光天窗及出屋面的观景平台。这么多复杂形体穿破屋面将是对防水工艺的严峻考验。而该屋面系统的优势在于排烟口、天窗、管线的出口可直接穿出，附件均可使用特殊工艺保证水密性。

隐藏的屋面系统支座和稳固的支承板块结构，无需穿出屋面表层，风、霜、雨、雪、负风压的荷载都被安全地吸收，有效地分解大气温差在屋面形成的应力。即使超长板块也有足够的胀缩空间，也不会将结构挤压或张拉变形。

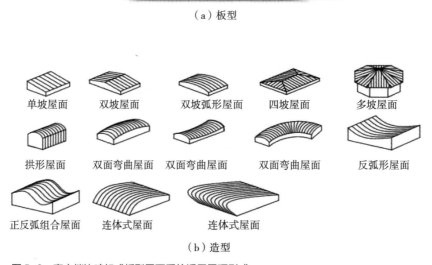

图5-9 直立锁边暗扣式板型屋面系统适用屋顶形式

保温、防火、吸声降噪方面通过选用厚度合适的保温材料来解决，屋面结构只需稍作调整即可满足高标准的需求。

屋面系统板块具有高稳定性和低重量的特点，这使得其在翻新项目中具有优势，具体来说，建筑的荷载不会因新屋面增加太多，而

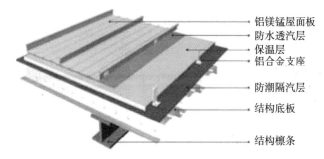

图5-10　直立锁边暗扣式板型屋面系统（图片来自网络）

以自由地设计运用。多年来大量的工程案例说明：质轻耐候、抗腐蚀的铝镁锰合金材料赋予建筑卓越的稳定性和免维护的优点。

铝镁锰是一种由金属铝、镁、锰混合而成的合金。金属铝镁锰合金由于结构强度适中、耐候、耐渍、易于折弯焊接加工等优点，被普遍认可作为建筑设计使用寿命50年以上的金属屋面优质材料。铝镁锰合金比重是彩涂板的1/3，使用寿命却可达到其3倍以上。由于铝镁锰板型柔软可塑，可做成扇形板、弧型板，极大地满足了金属屋面对美观和耐久性的设计需求，因此铝镁锰金属屋面系统被广泛应用在体育场馆金属屋面、机场金属屋面、剧院金属屋面、高端厂房金属屋面、城市地标性建筑和民用建筑等大型建筑物的金属屋面上。

基于以上的优势，中轧车间的改造采用了铝镁锰合金直立锁边暗扣式板型屋面系统。

在项目的具体实施阶段，原混凝土屋面板进行局部拆除，因此屋面翻新处理分为在原屋面板上新建金属屋面，以及屋面板拆除后在桁架梁上新建金属屋面两种做法。在进行新建金属屋面前，应对原屋面的结构进行排查、标高复核，对关键节点采取有效措施，根据现状优化设计方案，保证屋面的安全性和使用功能。

（三）屋面天窗架梁柱及柱墩的节点处理

屋面低跨天窗架梁柱共62个，大多风化严重，加固设计选用包角钢加固方法。具体来说，用角钢形成一个金属套筒把风化的梁柱箍紧。屋面低跨天窗架梁柱完成加固后，柱身及柱墩的处理成为保证屋面防水质量的一个关键节点，为确保万无一失，分别拟定了两个节点做法并进行现场实验。

1. 屋面天窗架柱身节点做法

柱身的节点做法既要满足本身的防水防渗要求，又要满足屋面防水层与柱身的节点防水要求，同时兼顾建筑设计的整体风貌，因此拟定了以下做法进行对比。

做法一：聚脲喷涂喷护。

采用聚脲喷涂将柱身及钢结构进行表面封闭，形成封闭防水膜，约一周后，聚脲喷涂膜致密且完整，相当于给梁柱穿了一层雨衣。但遗憾的是涂层的颜色发生明显变化，由深灰色转化

图 5-11　做法一：聚脲喷涂喷护

图 5-12　做法二：灌浆料封闭

为灰绿色，不符合屋顶色彩的设计要求，只能另寻他法。

做法二：灌浆料封闭。

在柱身周边挂钢丝网并支模，浇筑灌浆料进行柱身封闭，刷养护剂并覆膜，完成养护后，柱身为清水混凝土效果，封闭效果较好，而且角钢的加固痕迹也被巧妙地隐藏了起来。因符合设计要求，最终屋面天窗架柱身的防水选择了做法二。

2. 屋面天窗架柱墩节点做法

天窗架的柱墩作为柱子与屋面的转接是屋面防水的薄弱点，由于柱墩数量众多，而且原始防水已经失效，重新处理就面临许多难题，原始柱墩的去留、新柱墩的形式都对屋面防水层的节点做法产生重要影响。

原柱墩面层全部剔除，其外重新浇筑混凝土柱墩。接下来有两种做法。方案一，采用混凝土浇筑为立方体柱墩，直接做防水层上翻处理。由于柱墩棱角尖锐，容易损坏防水层，且不易施工，于是转而尝试方案二，在立方体柱墩外采用砂浆抹灰，阴阳角抹圆弧，覆膜养护，有效规避了方案一的问题，适合屋面防水层施工的实际需求。

图 5-13　柱墩面层剔除

图 5-14　浇筑方体柱墩

图 5-15　柱墩外砂浆抹圆弧处理

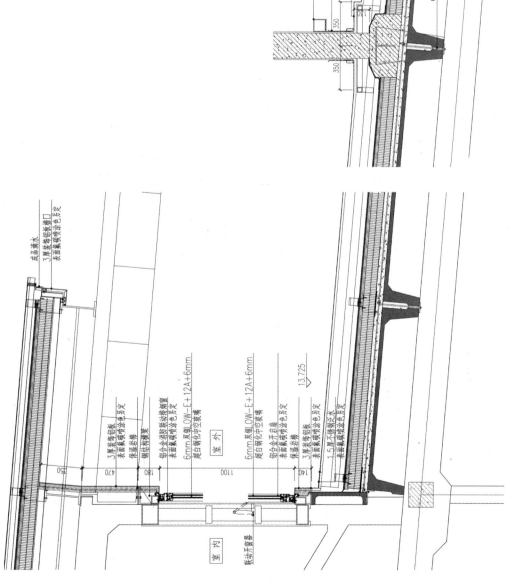

图 5-16 天窗架剖面详图

（四）在混凝土屋面板上新建金属屋面板

原混凝土屋面板老旧面层剔除，直至露出结构层，用高压水枪冲洗清理。沿屋面板板缝打孔，准备植筋。然后在原屋面板上绑扎钢筋、放置预埋件。中轧车间的屋面植筋比一般项目细密，这是为了让新加金属屋面板能牢固附着在结构层上，防止侧滑位移。然后浇筑混凝土，留伸缩缝防止温度应力带来的起翘形变。接下来是镀锌钢管支托焊接安装，这一步对整个246m大屋顶的标高调节至关重要。为了保证更新后的大屋顶是一个连续顺直的屋面，原屋顶的高低不平需要用每个钢管支托精细调节。然后做"几"形檩条焊接，依次铺设岩棉保温板、玻镁防火板、PVC防水卷材，安装T型件，最终铝镁锰直立锁边屋面板安装完成。

（五）在桁架梁上新建金属屋面板

作为新增屋面工程的"姊妹篇"，在桁架梁上新建金属屋面板与在混凝土屋面板上新建略有不同。原混凝土屋面板拆除完成后在暴露出来的钢架上安装U形后置埋件和檩条。檩条上安装镀锌钢底板和镀锌钢管支托。有了钢底板，工人便可获得较大的工作面；钢管支托用于协调屋面的整体标高。再下一步是安装"几"形檩条，然后依次铺设岩棉保温板、离心玻璃棉、聚乙烯膜隔汽层、玻镁防火板、PVC防水卷材，安装T型件，最后落铝镁锰直立锁边屋面板。至此全套屋面安装完成。

新建金属屋面做法比照表　　　　　　　　　　　表5-1

混凝土屋面板上新建金属屋面板	桁架梁上新建金属屋面板
60mm厚混凝土垫层，150mm×150mm×2mm预埋件 @≤1200mm	安装U形后置埋件，安装檩条
	0.8mm厚YX25-205-820镀锌钢底板
	50mm厚离心玻璃棉
"几"形檩条30mm×25mm×60mm×25mm×30mm×3mm≤1200mm	
15mm厚玻镁防火板	
1.5mm厚PVC防水卷材	
0.9mm厚65／400型铝镁锰合金屋面板	
0.5mm厚聚乙烯膜隔汽层；100mm厚憎水岩棉	
80mm×80mm×4mm镀锌钢管支托@≤1200mm	

（a）原混凝土屋面板面层剔除、冲洗清理

（b）沿屋面板板缝打孔，准备植筋

（c）在原屋面板上绑扎钢筋、放置预埋件、植筋

（d）浇筑混凝土，割缝

（e）镀锌钢管支托焊接安装，调节标高

（f）"几"形檩条焊接

（g）铺设岩棉保温板

（h）铺设玻镁防火板

（i）铺设 PVC 防水卷材，安装 T 型件

（j）铝镁锰直立锁边屋面板安装完成

图 5-17　混凝土屋面上新建金属屋面施工过程图

（a）高跨屋面原貌

（b）混凝土屋面板拆除

（c）混凝土屋面板拆除完成

（d）安装 U 形后置埋件、安装檩条

（e）安装镀锌钢底板，镀锌钢管支托安装

（f）安装几形檩条

（g）铺设岩棉保温板、离心玻璃棉、聚乙烯膜隔汽层

（h）铺设玻镁防火板

（i）铺设 PVC 防水卷材，安装 T 形件

（j）铝镁锰直立锁边屋面板安装完成

图 5-18　桁架梁上新建金属屋面施工过程图

二、外墙修复与新建

（一）外墙修缮策略

对原厂房保留下的西立面旧砖墙进行修缮是一项复杂的施工过程，修缮过程要保护其历史文化与技术信息，贯彻安全可靠、修旧如旧、适度利用、技术合理、确保质量的原则。外墙保护修缮工作应做到保护原建筑整体风貌、维护建筑安全、提升建筑使用功能等目标。为保存建筑历史原样，在修缮中应尽量恢复其原材、原色、原态、原物的历史原貌，从而达到预期的清水砖墙的建筑效果。

具体到本案，保留下来的中轧车间实际上只有一半的墙面。建设伊始四个大跨框架并联中间的两跨只有少量外墙，多为结构柱和屋面。因此保留下来的厂房东侧几乎完全开敞。原车间与多个辅助用房共用西墙，拆除后暴露出来的西立面呈现出不同的样貌：有的填堵了窗洞，有的局部用白色油漆涂刷，有的局部熏黑污染严重，再加之日久失修，留存墙面也多有破损。因此应对策略可分两类：一是修旧，二是补新。

红砖墙是厂房显著的形象特征，应最大限度地修复原有墙面纹理与样式，恢复窗户功能，对污损区域进行剥除面层的处理，新砌砖墙完善东立面，让老厂房粗糙的肌理和沉稳的砖红色重见天日。

这一修一补的外墙跨越了50年的岁月，沉淀了千万次生产的锤炼，新与旧如何在中轧车间重生之时握手言和，对设计和施工都是重重考验。

（二）具体实施方法——修旧

中轧车间绵延246m的西立面是墙面污损的重灾区。斑驳花白的墙面像一块暗沉的旧布，减损了这座工业厂房的磅礴气势。其中位于㉕～㊸轴的区段主要是白色乳胶漆残留，⑨～㉕轴区段主要是白油漆残留，⑯～⑱轴有大量黑色碳层附着在外墙表面，这是工业生产中厂房烟囱长期熏烤的痕迹。

针对保留砖墙出现的风化、缺损、掉角、灰缝松动、脱落、渗漏等情况，影响建筑外观和使用功能的应予以修缮。修缮前对原有砖的类型、颜色、砌筑构造形式、黏结剂类型以及勾缝的颜色、形制进行检测和记录。

1．基层清理和清洁

需根据墙面污染的不同状况采用化学法、物理法及结合法等不同的清理办法，避免二次污染墙面、损伤墙皮。清除后期添加的影响立面价值的附着物。对清水墙表面后期增加水泥粉刷层应采用人工进行逐一凿除，人工凿除时使用铲刀斜向铲除墙面水泥粉刷，或采用扁平凿子，轻轻敲击墙面，小心剥离，尽量不损伤原来的清水砖墙面，恢复原有清水砖墙基层。

状况一：涂料外墙清理。

涂料外墙采用水可以降解的环保脱漆剂，墙体湿润后涂刷2～3遍，敷薄膜养护6～8小时，采用低压水枪冲洗至砖墙原色。

状况二：白色油漆墙面清理。

经试验，化学法无法将白色油漆清除干净，且油漆稀释材料易造成墙体污染，因此外墙使用物理法清理。人工使用平铲将表面砂浆、木镞等清理干净，采用DPS-80型高压水枪，调整为低压5MPa进行清洗2～3遍，水枪距墙面≤1m，与墙面夹角60°～90°，表面反复清洗后，基本保留了砖墙斑驳的原状。

细心的读者可能要问，我们在日常生活中常听到用高压水枪冲洗的方法，为何在中轧车间的墙面清理中特意强调使用低压呢？由于清水砖墙已出现质地疏松、风化现象，高水压虽能快速清理砖体面层，但是也有破坏砌体表面致密层的隐患，因此在西墙清理中不能采用高压作业，另外，冲掉的不仅是污迹，也是历史的痕迹，一片崭新的清水砖墙也不符合保持建筑原真性的原则。

2. 旧砖置换与修补

针对墙体风化的程度不同，采取了有针对性的解决方案。这一步骤相当于对砖面进行微整形，或者说在一块巨大布面上进行小瑕疵的织补。材料的选用和技术手段都是为了最大限度地接近原始墙面的质感和色泽。

墙体风化深度小于5mm时，可不作处理，维持原状。风化深度≥5mm、<2/3砖厚时，可采用砖粉修复、贴片修复或其他工艺，修复后的墙体必须表面平整、光滑、灰缝顺直，具体做法由现场试验确定。

风化深度和破损≥2/3砖厚，影响清水砖墙建筑效果且可能进一步影响墙面使用功能时，应替换掉已风化的旧砖。

灰缝材料应采用石灰砂浆，可掺入少量水泥，颜色、缝宽接近旧砖缝，修复后应密实、无松动、无断裂、无漏嵌。

（1）状况一：中度风化墙面修缮

贴砖片修复：将完好的旧砖切成20~25mm厚，清理掉旧砖风化粉末，用石灰黏结剂将砖片贴到风化砖面，轻敲压实，粘贴的黏结剂采用强度适中、水溶盐含量很低的石灰类材料，采用石灰水泥砂浆分2～3次进行勾缝。

（2）状况二：严重风化墙面修缮

应进行旧红砖替换修复。损坏严重而且已松动的砖，采用与原始砖在尺寸、材料类型、强度、颜色等一致的旧砖，替换缺损、风化十分严重的砖，砌筑时使用的黏结剂要和原始的一致，要求灰浆饱满，宽度及留深与原缝一致。

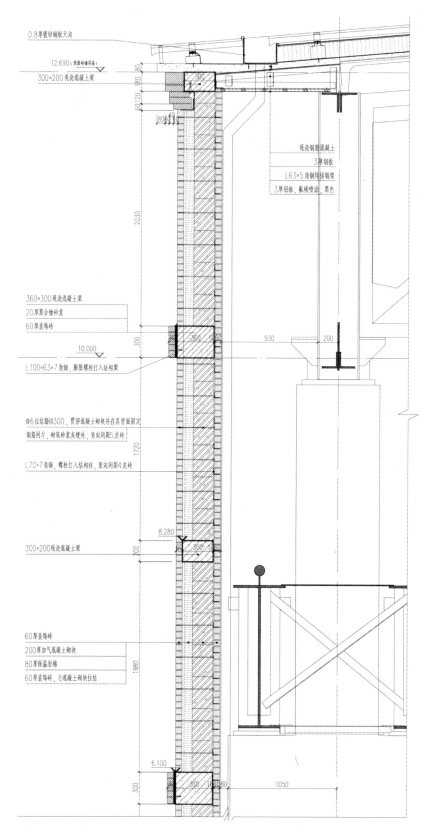

0.8厚镀锌钢板天沟

12.690（保留砌墙屋顶高）

300×200现浇混凝土梁

现浇钢筋混凝土
3厚钢板
L63×5角钢焊接钢架
3厚铝板，氟碳喷涂，黑色

360×300现浇混凝土梁
20厚聚合物砂浆
60厚装饰砖

10.000

L100×63×7角钢，膨胀螺栓打入结构梁

Φ6拉结筋@300，贯穿混凝土砌块并在其背面固定
钢筋网片，砌筑砂浆灰缝处，竖向间距5皮砖

L70×7角钢，螺栓打入结构柱，竖向间距4皮砖

8.280

300×200现浇混凝土梁

60厚装饰砖
200厚加气混凝土砌块
80厚保温岩棉
60厚装饰砖，与混凝土砌块拉结

6.100

图5-19　墙身大样

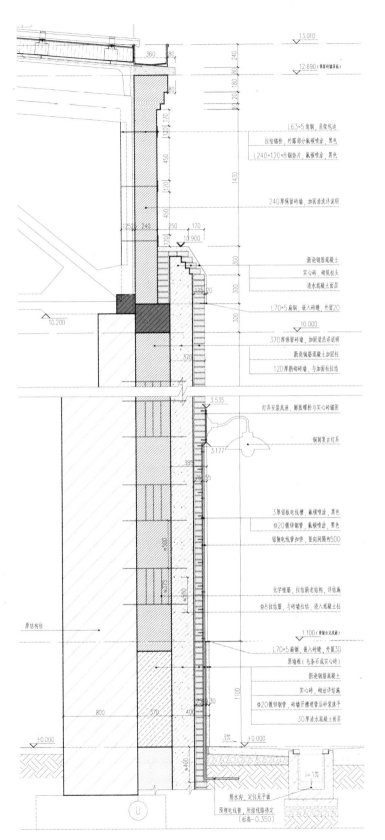

13.010

12.690 (保留砖墙顶标高)

L63×5角钢，屋架色边
拉结锚栓，外露部分氟碳喷涂，黑色
L240×120×8钢垫片，氟碳喷涂，黑色

240厚保留砖墙，加固清洗详说明

新浇钢筋混凝土
实心砖，砌筑柱头
清水混凝土面层

L70×5扁钢，嵌入砖缝，外留20

10.000

370厚保留砖墙，加固清洗详说明
新浇钢筋混凝土加固柱
120厚新砌砖墙，与加固柱拉结

3.535
灯具安装底座，膨胀螺栓与实心砖锚固

铜制复古灯具
3.177

3厚铝板电线槽，氟碳喷涂，黑色
Φ20镀锌钢管，氟碳喷涂，黑色
铝制电线管扣件，竖向间隔约500

化学植筋，拉结新老结构，详结施
Φ8拉结筋，与砖墙拉结，浇入混凝土柱

1.100 (原留台完成面)

L70×5扁钢，嵌入砖缝，外留30
原墙板（毛条石或实心砖）
新浇钢筋混凝土
实心砖，砌法详结施
Φ20镀锌钢管，砖墙开槽埋管后砂浆抹平
30厚清水混凝土面层

原结构柱

±0.000

3%   +0.000

i=1%

排水沟，定位见平面
预埋电线管，所接线路待定
（标高-0.350）

10.200

图5-20 西立面扶壁柱位置剖面图

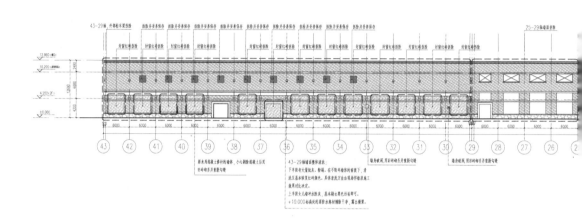

图 5-21　西立面外墙原貌及各区域修复设计

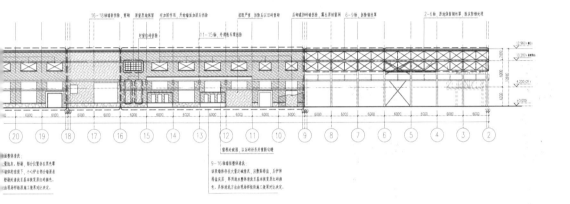

16-18轴墙新拆除, 重砌　　原窗原地恢复　无加固作用, 开始墙面加固后拆除　　破损严重, 拆除后以旧切重砌　　后砌道拆砖墙拆除, 露出原始窗洞　6-9轴, 拆除钢吐柱　　2-6轴, 原地保留钢吐草, 除尘防锈处理

时置包砖拆除　　　　11-15轴, 外刷包车架拆除

墙面整体清洗:
一, 整抽灰, 粉刷, 部分位置存在黑色霉
斑锈的侵蚀, 个心炉去部分墙面表
粉颜灰清洗至基本恢复原红砖颜色.
二, 由施场样板供试验效果后比决定.

窗根补收破损, 以旧砖补齐并重新勾缝

9-16轴墙面整体清洗:
这阶墙体存在大量开碱缺夹, 应整除锈益, 五伊抹
母益实层, 界用益水整体清洗至基本恢复红砖颜
色. 具体清洗方法由现场样板板施工效果比决定.

（a）外墙原貌

（b）冲洗湿润墙体

（c）刷脱漆剂

（d）附薄膜养护

（e）冲洗后墙体

图 5-22　涂料外墙化学清理

图 5-23　白色油漆墙面清理

（3）状况三：砖缝松动、破损的修复

完好的砖缝，包括后期添加的，只要不影响墙面的密实性，尽可能予以保留。清理已酥松且不具备保留价值的砖缝。在清理旧砖缝时不破坏砖块，清缝后对墙面除尘。勾缝分2～3次，以达到密实防水的效果。颜色上采用与砖相同色的石灰类材料勾底缝，用添加红砖粉及氧化铁颜料配色勾面缝，勾缝深度与砖的风化起伏相协调。无松动、无断裂、无漏嵌等，不宜为追求平直而切割旧砖。

（4）状况四：表面防渗保护

完成修缮的墙面需要一层隐形的保护外衣，防渗防漏。可以用水性有机硅乳液类（硅氧烷类）憎水保护剂由上而下均匀涂刷两遍。该类材料涂刷完成后砖墙表面成膜，防水性较好，而且无污染、无刺激性，是一种新型的环保材料，适用于厂房外墙的修缮。

图 5-24　灰缝松动破损　　　　　　图 5-25　砖缝修复

图 5-26　高压水枪清洗外墙，发现粉刷层下的生产评比栏，上书"比质量，比贡献"

图 5-27　西立面清水砖墙保护修缮效果

（三）具体实施方法——新建

与西立面保留的旧砖墙不同的是，东立面最初展现给我们的是另一番景象。

在隔壁的厂房拆除之后，厂房的东立面仅剩下排架柱、天窗架、行车梁，以及残墙断壁、梁茬、屋面板的茬等残缺不全的结构。东立面缺少外墙，想要顺利地展开室内外后续的施工，新建墙体十分重要。

根据规划方案要求，东立面以红色清水砖墙的建筑效果为主。既要考虑建筑效果，又要满足现行的结构、节能等规范的要求。因此，设计采用新建混凝土砌块夹芯保温墙体，由结构层、保温层、保护层组成，结构层采用200mm厚主砌块，保温层采用80mm岩棉板，面层采用120mm厚加筋装饰砖。

图 5-28　东立面施工前

　　构造层次厘清后，我们从挑选配砖的花色开始。砖色需要与留存墙面风貌保持一致，效果的优劣决定东立面砖墙的成败。

1．选砖配色

　　看到这里或许你要问，这么大的一面墙壁，修修补补之外，新建的墙面怎样和保留部分取得协调呢？为了挑选到色彩和纹理与原砖墙接近的砖，施工单位北到天津、南到宜兴寻访各地砖厂，前后采集了十种花色的砖块，一一带回现场与原始砖面进行比选。最终选定了天津3号、天津4号两种砖。天津3号颜色略浅，天津4号略深。两种砖色如何搭配也让施工人员下了一番工夫。最终作品呈现的是深浅色砖各50%的组合方案，砌法上采用随机混色方式，避免深浅色砖间隔砌筑带来的斜纹效果。总之，力求墙面整体砖色自然斑驳，形成有机整体。

新砌砖墙配色方案　　　　　　　　　　　　　　　　　表5-2

配色方案	砖号	比例	效果
方案一	天津3号	40%	颜色偏深
	天津4号	60%	
方案二	天津3号	60%	颜色偏浅
	天津4号	40%	
方案三	天津3号	50%	颜色适中
	天津4号	50%	

图 5-29　砖色遴选（采样来自天津 8 款，宜兴 2 款，共 10 种砖色；图片背景为厂房原始砖墙）

图 5-30　新砌砖墙配色方案 1　　　　图 5-31　新砌砖墙配色方案 2　　　　图 5-32　新砌砖墙配色方案 3

2．新建砌体墙

新建砌体墙，首先要处理的是墙体基础问题，经现场查看，轴线处墙体共用排架柱的独立基础，墙下新增条形基础不能完全与独立基础连接，居中增加暗梁，暗梁的纵筋两端锚入原有基础。

应注意的一是采用人工进行墙体条形基础的开挖，避免机械破坏独立基础，二是开挖至原独立基础的第三步放大角，严禁超挖。

根据设计图纸，新建砌体墙高度为12.69m，由下而上设置6道圈梁，轴线处设置3个构造柱，部分构造柱与行车梁可靠连接，其他部位与排架柱贴邻。

3．墙面装饰装修

墙面工艺流程：贴岩棉保温板→贴防水隔汽层→安砌石材→设置拉结筋→砌筑装饰砖→勾缝→墙面清理。

（1）底部装饰石材施工

为呼应西立面旧砖墙建筑效果，东立面外墙设计底部1m高装饰石材，并要求石材材质、颜色以及灰缝与西立面的毛石砌体接近，为此，施工与设计在济南各石材市场进行选样，在考察了济南青、济南黑、鲁灰等石材后，最终选择了鲁灰色的花岗石，采用机械横向割缝加3遍火烧面处理，加工完厚度115mm，尺寸300mm×600mm，灰缝打浅灰色结构胶。考虑到石材厚度较大，单块石材重量约62kg，并承担以上加筋装饰砖的荷载，因此石材的安装采用砌筑加干挂安装的组合形式。

图 5-33　人工开挖外墙条形基础

图 5-34　条形基础浇筑混凝土

图 5-35　东立面新建砌体墙

图 5-36　石材安砌样板

（2）加筋装饰砖施工

东立面原结构包括排架柱、格构柱、混凝土桁架梁、钢桁架梁、钢结构梁等，柱子的几何中心位置多在同一根轴上，新建外墙凹凸造型较多，给原本复杂的结构又增加了施工的难度。特别是门窗洞口、幕墙顶等部位的节点做法均需按实际情况有针对性地施工。

节点做法1：砌体墙门窗洞口以上是钢筋混凝土圈梁，设计要求圈梁不可外露，因此该部位的节点做法需进行调整，采用Φ100mm化学螺栓@500mm将型号为L100mm×5mm的镀锌角钢固定于圈梁上，在角钢上砌筑装饰砖并设置拉结筋。

图 5-37　砌体墙窗口

图 5-38　窗口装饰砖

图 5-39　第㉝～㊱轴外墙原貌

图 5-40　第㉝～㊱轴在钢桁架上安装龙骨

图 5-41　第㉝～㊱轴墙面效果

图 5-42　砖砌的墙面凹凸造型

　　节点做法2：⑨～⑪轴、㉚～㊱轴10m标高以下为玻璃幕墙，10m以上为装饰砖面层，主要施工难点在于解决装饰砖的荷载以及结构稳定性。根据厂房结构的实际情况，在钢桁架梁上安装龙骨和角钢，并在角钢上干挂加筋装饰砖，图5-39～图5-42以㉝～㊱轴为例。

　　节点做法3：㉔～㉕轴、㉙～㉚轴由标高+1.00m至+12.69m均为装饰砖，造型为每隔3皮砖凸出1皮砖，调整凸出尺寸为30mm，以确保墙体安全、稳定。

三、基坑的开挖与支护

　　厂房内新建地下室，施工范围为⑧～⑯轴、㉛～㊸轴区域，基坑呈长方形，南侧基坑（⑧～⑯轴）地下室东西宽约12.2m，南北长约50.3m，周长约137m。北侧（㉛～㊶轴）地下室东西宽约12.2m，南北长约60.7m，周长约180m。

　　两个基坑地形平坦，起伏较小，地面整平后为相对标高±0.000，基坑开挖深度为

5.75 ～ 7.20m。其中南侧基坑地下室外墙线西侧距离原厂房老基础1.65 ～ 2.05m，东侧距离原厂房基础2.05 ～ 5.15m，基础底标高为-2.00 ～ -6.20m；北侧基坑地下室外墙线西侧距离原厂房老基础2.05m，东侧距离原厂房基础2.10 ～ 5.65m，基础底标高-2.00 ～ -2.20m。

（一）先支护后开挖

施工过程中对基坑上部2m土层进行卸载，下部的支护采用支护桩加预应力锚索作为主要支护体系，桩顶以上制作冠梁，桩间进行混凝土面层喷护，基坑内土方采用垂直开挖的方式。

基坑开挖一共做了九个不同的剖面，查看现场会发现这两个复杂的大坑有九段不一样的地下形态。为了保障原有厂房的结构安全，每个剖面均有支护桩，支护桩间距600mm，桩径400mm，桩长6.8 ～ 8.8m，桩身混凝土强度等级为C30。

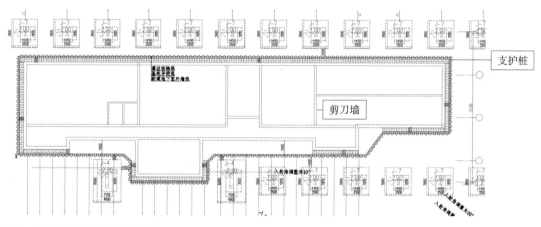

图 5-43　北区地下室基坑平面图

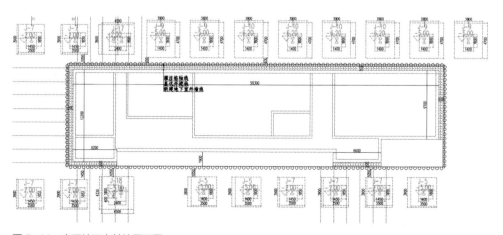

图 5-44　南区地下室基坑平面图

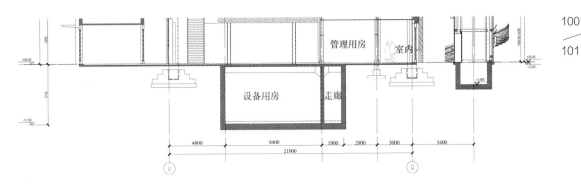

图 5-45　北区地下室剖面

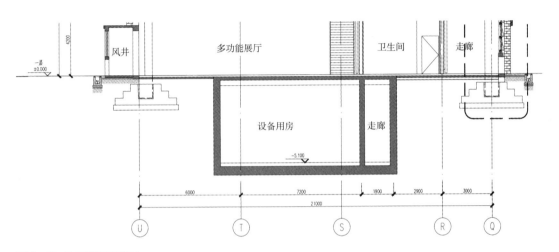

图 5-46　南区地下室剖面

（二）室内基坑支护施工难点

或许通过以上的客观数字我们无法一下洞悉中轧车间基坑开挖的难度有多大，接下来从施工误差、施工工序、施工环境三个方面进行阐释。

1．基坑变形监测要求高

新建地下室完成后的基础基底标高−5.4m，原厂房独立基础基底标高−2.00～−6.20m，最大高差3.4m，地下室外墙与老厂房基础距离最小处2.05m，符合基坑安全等级为一级基坑的条件，即与邻近建筑物、重要设施等距离在开挖深度以内的基坑。华东建筑设计研究总院对基坑的施工提出了原厂房排架柱的沉降限值为6mm，排架柱下的基础倾斜不得超过0.1%的要求。这么苛刻的柱子沉降限值和倾斜角度无疑给施工质量提出了极高的要求。究其原因，厂房由排架支柱通过连系梁形成结构体系，若因开挖不慎造成柱基沉降、排架倒塌会引发多米诺骨牌的连锁反应，带来整个屋架结构的歪斜甚至倾覆。

2. 支护形式多样、施工调配及工序转化复杂，工期紧张

本工程支护体系有排桩拉锚、挂网喷面施工。排桩拉锚，锚索最多设计两排。要求土方需分区、分片、分层进行开挖，土方与土钉、锚索及喷面穿插紧密配合施工，需通过科学组织、合理安排，才能满足整体工期的要求。中轧车间的地下部分残留了原轧钢大型设备的混凝土基础、原冷却池厚达1m的混凝土池壁，以及一条更深处的下水管道。在基坑支护过程中为了达到均匀的地面持力，减小不均匀沉降的隐患，施工中也采用了混凝土回填的手段。

3. 场地空间受限

室内原地面距桁架梁底约10m，东西跨度21m，无法使用大型机械。定制的施工机械所需的工作面较大，且支护桩的钢筋笼制作需要一定的场地，同时还要布置临时堆土场和留设机械设备的行驶路线。因此，要细化不同的施工阶段并对现场平面进行合理的布置。

混凝土的灌注由于支护桩桩径较小，不能采用导管灌注的方法，故本工程混凝土灌注采用串桶灌注的方法[①]。

4. 地层复杂支护桩的成孔

二百四十余米的厂房，有些部分的持力层是工程中最不愿遇到的湿陷性黄土。这种土层一旦遇水，承载力骤减。在支护桩成孔过程中必须进行无水作业，施工方法及设备选择是支护桩成孔质量的关键。此外，在施工过程中，北区基坑标高-3～-4m处出现大块卵石，定制的短螺旋钻机对该种地质情况处理效率很低，造成支护桩成孔施工缓慢。

成孔顺序考虑桩基距离较小，为避免成孔过程中造成原厂房地基沉降，采用隔桩跳打施工方法[②]，每次定位施工时，间隔两棵桩进行跳打。待第一遍施工浇筑完毕后，间隔的桩基，同样采用跳打施工方式，并保证邻桩混凝土浇筑的养护时间不小于24小时。

5. 施工要求精度高

根据基坑支护设计图纸，大部分支护桩与地下室外墙距离仅600mm，扣除50mm厚基坑支护面层以及50mm厚外墙防水层保护层，剩余不足500mm，-2.40m处有一道宽度为220mm腰梁，此处基槽宽度为250mm，实际工作面十分狭小。如果支护桩位置出现较大偏差，会对地下室主体结构施工造成较大影响，因此要求支护桩定位、成孔施工质量精度高。

---

① 串桶，就是几个串联在一起的锥形漏斗，混凝土在桶内垂直下落。
② 隔桩跳打就是在施工桩基时为避免施工对相邻已成桩质量产生不利影响而采用间隔1~2根桩施工。

图 5-47 定制短螺旋钻机成孔

图 5-48 锚索施工

图 5-49 土方开挖

图 5-50 基坑支护施工完成

图 5-51 支护桩与地下室外墙间距 600mm

图 5-52 支护桩与外墙空间狭小，防水、保护层及回填施工困难

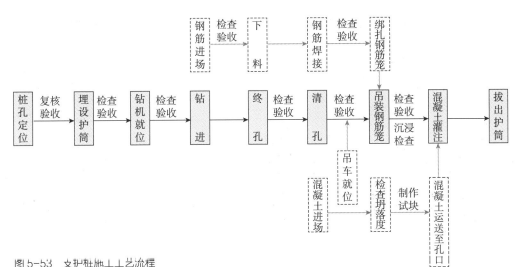

图 5-53 支护桩施工工艺流程

第五章 更新与织补：精细化施工详析

改造设计希望尽可能保留厂房原始风貌的诉求给机房设备的配置带来不小的挑战，首先建筑的外立面不能有机器外挂，室内还需要性能强大的暖通空调设备保持物理环境稳定。设备机房最终安置在新建的地下室。地上新建以钢结构为主体结构的房间，拟用于艺术展览、规划展示等。

（一）室内增层地下室

在完成地下室的基坑支护和土石方施工后，随即进行室内新建地下室结构的施工，基础形式为防水底板，框架剪力墙结构，房间的主要功能为放置空调、采暖、强电弱电以及消防等设备设施。此举措隐藏了工程设备的视觉干扰，保证厂房室内空间和立面造型纯粹的工业特征。

（a）地基钎探　　　　　　（b）基础垫层、防水层施工　　　　　（c）基础钢筋施工

（d）地下室结构钢筋、模板施工　　　　（e）地下室混凝土浇筑施工

图5-54　地下室施工

地下室施工工艺流程：地基钎探→垫层→防水层及保护层施工→基础放样→基础施工→地下室结构施工→防水层及保护层施工→回填土施工。

（二）室内新建钢结构主体

完成地下室结构后，再进行地上主体结构的施工，根据设计要求，主体结构的梁柱采用H型钢、楼板采用桁架楼承板现浇混凝土。

新建钢结构主体施工工艺流程：钢结构加工、现场堆放→基础放验线→钢柱安装、校正→钢梁安装、校正→高强螺栓紧固→安装钢筋桁架楼承板→绑扎钢筋、浇筑楼板混凝土→砌体、二次结构施工→主体验收。

图 5-55　室内钢结构吊装施工

图 5-56　部分柱顶距桁架梁底仅 100mm

图 5-57　空间受限、钢结构吊装难度大

图 5-58　V 形柱悬挑盒子

图 5-59　室内地上结构完成

五、悬挑旋转钢楼梯

㊴~㊵轴东侧室外新建一座圆柱形悬挑旋转钢楼梯，楼梯主钢架内部设一台观光电梯，沿主钢架外径设计弧形夹胶玻璃幕墙作为电梯的围护结构；楼梯主钢架立柱外侧焊接悬挑旋转钢梁，沿旋转钢梁外侧立面悬挑焊接钢板踏步以及栏杆栏板。通过楼梯或电梯可直达屋面观光平台，满足施工阶段屋面装修施工，以及运营阶段消防设备检修功能的需求。

（一）制作安装技术

室外旋转楼梯高20.5m，主钢架直径2.9m，由6根200mm×150mm×14mm钢方矩管立柱围成，悬挑扭钢梁外直径4m，弯旋扭钢梁原设计为250mm×150mm×10mm的方矩管。旋转楼梯整个设计比例适合、造型优美，但踏步梁的弯扭构件制作以及施工安装的精度和难度极大。

项目部组织设计、技术、施工共同组成难题攻克小组，将蓝图输入计算机进行建模分析，对钢管立柱、旋转梯梁、踏步板、钢框架梁的尺寸、构件之间的链接尺寸进行细化。

其中弯旋扭梯梁250mm×150mm×10mm方矩管的难度最大，如采用成品方管，现有工艺只能进行火烤加热煨弯或冷弯，精度和强度无法保证。

经深化设计，把方矩管拆分开来，用四块钢板拼成箱型弯扭梁，规格尺寸不变，箱型梁里面每隔40厘米设置一块加筋立板。弯旋扭梁经三维建模精确计算得出，由设计师设计一套模具，在模具上设置弯扭数据，根据每一节的长度在模具上进行拼装。每一节的五块板件均由激光切割机下料，下料精度保证不大于10丝，并且五块板件四周均设置卯榫连接。在拼接箱型梁时直接按照卯榫连接口对卡严密即可，箱型梁四角用点焊临时固定，两块加劲立板的上下两个铆接点即为踏步板的安装位置，精确地保证了梯板梁和踏步的空间位置。

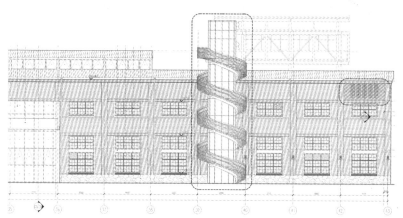

图 5-60　东立面楼梯间图

图 5-61　东立面楼梯间实景

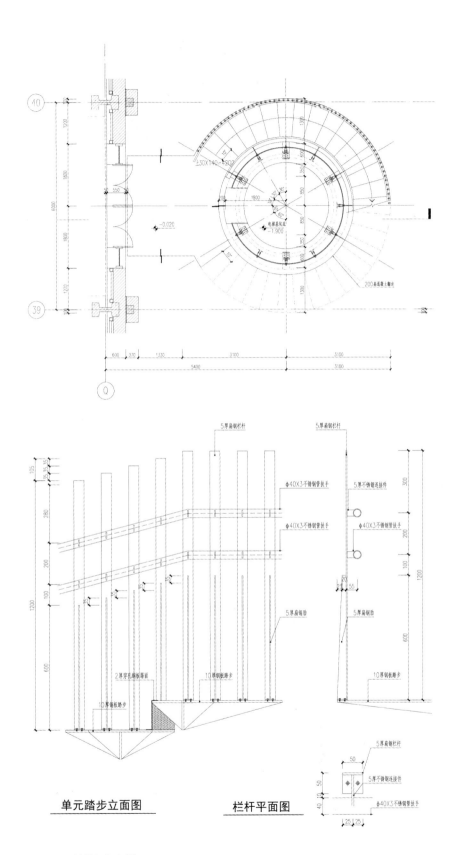

单元踏步立面图   栏杆平面图

图 5-62　楼梯细部大样

图 5-63 扶手栏杆施工

图 5-64 螺旋楼梯主结构完成

（二）弯扭梁施工工艺

本案的弯扭梁施工分为工厂下料和现场拼装两个阶段。

工厂下料：弯扭梁激光下料，卯榫连接口预留位置精确→弯扭梁卯榫制作→弯扭梁制作成型。

现场拼装：卯榫连接位置为踏步板连接点，以此精确控制踏步标高→弯扭梁现场拼装，定位、标高控制、安装尺寸准确→旋转楼梯弯扭梁、踏步安装完成，完美达到了建筑设计效果。

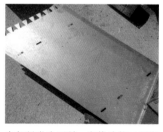
弯扭梁激光下料，卯榫连接口预留位置精确

弯扭梁卯榫制作

弯扭梁制作成型

卯榫连接位置为踏步板连接点，以此精确控制踏步标高

弯扭梁现场拼装，定位、标高控制、安装尺寸准确

旋转楼梯弯扭梁、踏步安装完成

图 5-65 弯扭梁施工工艺图

六、耐候钢板

耐候钢板俗称锈蚀钢板，其斑驳红锈具有历史感和工业感，是工业改造类项目的优良建材。但复杂的工序、较长的成形周期对施工技术要求高。在中轧车间的改造中，耐候钢板运用于西立面门斗、东立面局部的旧砖墙以及㉕轴、㉙轴玻璃幕墙10m标高以上的部分。沿外墙蜿蜒的带形花坛也采用耐候钢板作为装饰面层，花坛的轮廓设计为类似水晶的多面体，硬朗的线条感与锈红色恰当烘托了厂房的气质。

耐候钢是指耐大气腐蚀的钢，也就是说在空气中不再氧化生锈，是达到世界超级钢技术前沿水平的特种钢。普碳钢添加少量铜、镍耐腐蚀元素后大大改善了钢材的性能。具有优质钢的强韧、塑延、成型、焊割、耐磨蚀、耐高温、耐疲劳等特性；耐候性为普碳钢的2~8倍，涂装性为普碳钢的1.5~10倍，能减薄使用、裸露使用或简化涂装，适合多种加工方式。

耐候钢的施工工艺：钢板开平→喷砂（除氧化膜及油污）→压平（喷砂过程中有应力释放导致钢板变形，此步骤整形）→耐候钢板加工（包括折边、出造型）→龙骨安装、耐候钢板安装→板缝打密封胶→化学生锈→刷固化剂。涂刷固化剂后钢板表面不再氧化。

图5-66 西立面的5个门斗
首层作为主要出入口，二层作为空调机房，采用耐候钢板以及格栅作为装饰面层，四周配以耐候钢板花坛

图 5-67　⑪ ～ ⑮ 轴东立面
保留旧砖墙，5.8m以下面层风化严重，修缮的视觉效果不理想，故采用耐候钢板作为面层，与新旧砖墙交相辉映

图 5-68　第 ㉕、㉙ 轴采用玻璃幕墙与耐候钢板将室内外分隔开来
因原屋架坡度不规则，耐候钢板的拼装需要精确，施工阶段按实测加工四十余种规格

第六章　钢铁记忆：

工业记忆中的人与事

一、二钢的情感遗产

遗产与活着的人密切相关，与日常生活关系密切。西方人文地理学自2000年产生的情感地理学，以及提出的遗产批判、遗产制造等论述应引起广泛关注。"遗产本质上是一种制造意义上的文化生产过程，包括激发人的记忆，建构其身份认同、地方感等。"当遗产研究开始关注社区时，遗产与特定社群（例如产业工人、工业企业和工业遗存在地居民）的情感关联也开始被关注。笔者认为应将特定社群的情感当作遗产的重要组成部分——情感遗产。学者亚尼夫·波利亚（Yaniv Poria）和丹尼斯·班敦士（Denis Byrne）认为，遗产的情感维度对我们理解身份、记忆、地方感、遗址阐释、游客动机都有影响。①

尝试将工业遗存的情感遗产载体分为两类：一为具有行业代表性的、已废弃的及规划建制较为完整的工业厂区遗存，包含生产区域、生活休闲区，可涵盖产业工人生产、生活的主要活动场所。二为描写工人群体的文献资料，如工厂史志、报告文学、书信笔记、诗歌、口述历史、访谈录和互联网言论等。阶级情感、工厂体验、厂区生活、集体记忆及个人记忆在这些信息的佐证和互补中传承。个人生活和成长的经历，以及有着时间刻度、见证着个人与企业、社会关系的事件，都成为工业文明鲜活的展示内容。

以完成计划指标为生产目的的计划经济时代，国企工人具有优越身份，是主流阶级。在情感方面体现为："工人普遍具有以厂为家的归属感，争当劳模，对工服和工作本身的热爱与自豪，让他们能忍耐工作对身体的负面影响"；②丰富的"单位制"青春生活和家庭生活主流阶级。工人们将劳动光荣与国家意识紧密联系，集体主义的"单位制"生活，表现为工作和家庭生活的合一。

二、生产的谢幕

二钢作为计划经济时代的产物，工人对工厂的归属感，以厂为家的情感依恋早已写入几代人的基因。让我们倒转时针，回到2016年3月12日凌晨6时。

中轧厂生产的最后一只钢条犹如火龙在轧机间穿梭而过，作为济钢第二工业区最后一个生产单位，中轧厂圆满完成它的历史使命。在最后一个生产班次，要把所有剩余胚料消耗完毕，胚料长短不齐，无论是上料还是轧制过程都不好操作，但工人们集中精力，各工序认真操作严密配合。当日9时，在全体职工的祝福下，院内和生产线鞭炮齐鸣，中轧的加热炉烧嘴煤气阀

① 劳拉简·史密斯，张煜. 遗产本质上都是非物质的：遗产批判研究和博物馆研究，文化遗产，2018（3）：62-71.
② 李蕾蕾. 乡愁与工业遗产保护. 中国名城，2015（8）：28-31.

关闭了，煤气总管眼镜阀关闭了，近半个世纪的钢铁生产停顿了下来。这一天，生产8号槽钢237余吨，成材率达到99.3%，3月累计生产钢材6222余吨，产品质量和经济指标均达到历史较好水平。

从一个小小的开坯厂，成长为一个装备齐全、生产线流畅、厂房美丽的国内知名中型材生产厂家，二钢的每一步都是大时代钢铁工业的缩影。它曾经走过的钢铁岁月让我们深深体会生命的本色，平凡劳动中蕴含的执着让我们动容。钢铁工人个个铁骨柔情，他们有着朴素而醇厚的情感，有着对钢铁生产的一腔热忱。最初的拓荒者，他们无名而伟大，用繁重的体力劳动一砖一瓦地建设起厂房的钢铁广厦。

三、厂区生活

如果时光倒流，你会看到钢厂的生活激情澎湃而多姿多彩。二钢大礼堂，就是二钢人开大会、文艺会演、节庆、花灯会、美术展览的文化中心。每年的花灯会都会引来四面八方的游客，热闹空前。二钢的能工巧匠利用废旧钢材自造花灯。往昔的花灯会上还有二钢人与附近村庄的农民联手搭戏的跑旱船、踩高跷，好不热闹。

2012年10月21日晚7点左右，闲置多年的大礼堂发生火灾。火势迅猛达两三层楼高，三个消防中队的近十辆消防车用近一个小时才控制住了火势。虽然早有礼堂拆迁的消息在坊间流传，但陪伴几代钢厂人的大礼堂以这样一种唐突的方式不告而别是所有人始料未及的。

还记得济南二钢生活区内的小龟山吗？在小龟山凉亭凭栏远眺可见西南方向的五顶茂岭山。小小龟山，居于闹市，如空谷幽兰，山上有细长的小路、台阶，曲径通幽处，别有一番神秘。它是二钢人闲暇生活的美好记忆。二钢的宿舍区是济钢第二工业区居民生活区，简称"二钢宿舍"，位于济南市工业南路66号，东到智远派出所，北靠工业南路，南接解放东路；东西约750m，南北约820m，共有约3200户居民。小区发展多年，内设菜市场、社区医院、幼儿园、9年制教育"砚泉学校"。街区坐落在茂陵山脚下，因地势较高，济南市下再大的雨，宿舍区也不积水；属于生活成本低、方便出行、居住舒适的工薪家庭居住环境。居住在该生活区的居民，大都是济钢职工家属。随着2016年4月"济南中央商务区安置区旧城改造项目"的启动，二钢宿舍也已成为历史。

这些已逝去的建筑，因其承载了人类的感情和记忆，同样是有生命的，有它的历史。它不仅会发生、成长，而且会成熟、转换、兴亡。生命的灵动铭刻于建筑之上不断演进。因此，当人们缅怀故人、故事会对建筑倾注情感，情感是生命的确证。生命需要空间承载，建筑创造这份空间。建筑也是在时间中演进，托庇于时空。

图6-1　二钢花灯会

图6-2　二钢大礼堂失火

图6-3　小圭山亭阁

图6-4　小圭山广场

四、个体记忆

　　通过几份珍贵的历史资料我们可以一窥1970年代轧钢车间的产业工人在那个年代以厂为家，以主人翁精神奉献青春的光辉岁月；还能看到生产过程厉行节俭，以革命热情夺取生产胜利的真实记录。富有时代特征的语言让那段峥嵘岁月的历史气息扑面而来。

毛主席语录

动员起来，讲究卫生，
减少疾病，提高健康水平。
抓革命，促生产。

简讯 1

轧钢车间主办　1972.6.13　7 期

吴茂胜同志的星期天

夏季，是细菌活动，各种传染病易于发生和流行的季节。因此，它直接威胁着人们的身心健康和影响着抓革命促生产的进行。

轧钢车间二连工人吴茂盛同志在毛主席无产阶级卫生路线的指引下，为了确保同志们的身心健康，圆满完成党交给的抓革命促生产的光荣任务，于六月十一号（星期日）早五点起床投入了除国害、讲卫生的战斗。同志们亲切的（地）劝他休息。他说："只要搞好卫生，杜绝各种传染病的发生，保证同志们的身心健康，我就感到幸福。"为此，他一直战斗到上午十一点钟，将本连宿舍楼上楼下室内室外都打扫的（得）干干净净，并将长期积攒下来的堆堆垃圾都用地排车全部拉净。脸上露着胜利的笑容和全身带着被汗水沾□的灰土去澡塘（堂）洗澡，同志们说："你辛苦了。"他说："只有这样过星期天才最有意义，最轻松愉快。"

吴茂盛同志，平时能认真读马列的书，刻苦学习毛主席著作，自觉改造世界观。吴茂盛同志家住市里，星期日本应是回家探望亲人的极好机会，但他回家很少，反之星期日都成了他自觉学习毛主席著作和帮助同志拆被洗衣等助人为乐的极好机会。曾多次受到车间和领导的表扬及同志们的好评。

吴茂胜同志，处处能严己宽人，生活作风非常简朴，工作作风扎实老练，能严格遵守劳动纪律，经常早上班晚下班，车间换班休息很少，兢兢业业，埋头苦干。充分表现了一不怕苦二不怕累的革命精神，被同志们称为"闲不着的人"。

吴茂胜同志，在毛主席革命路线的指引下，在毛泽东思想的哺育下，正在刻苦学习，努力工作，沿着毛主席的革命路线前进战斗着。

——轧钢车间报道组

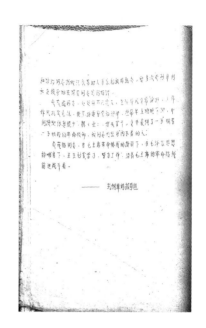

图6-5　轧钢车间简讯（1972.6.13　第7期）

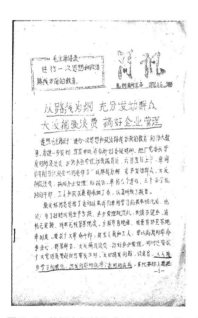

图6-6　轧钢车间简讯（1972.6.6　第3期）

毛主席语录

进行一次思想和政治
路线方面的教育

简讯 2

轧钢车间主办　1972.6.6　3期

以路线为纲　充分发动群众
大反铺张浪费　搞好企业管理

遵照毛主席关于"进行一次思想和政治路线方面的教育"的伟大教导。为进一步贯彻落实中央省市计划会议精神，继厂党委关于反对铺张浪费、加强企业管理动员报告后，六月五日上午，车间总支副书记张安栋同志作了"以路线为纲，充分发动群众，大反铺张浪费，搞好企业管理"的报告，车间七个连队，三个办学机构的干部、工人和技术员都参加了会，认真听取了报告。

张安栋同志总结了运动以来我们车间学习的基本情况后，他说："为了扭转以前生产亏损、企业管理较混乱、制度不健全、消耗无定额、成本无核算等现象。立操作有规程、质量有检查等宪章制度，要求广大革命干部、技术人员和工人，要以高度的革命事业心，群策群力，大反铺张浪费，搞好企业管理。同时还要求广大党团员要起模范带头作用，大胆揭发问题、谈危害，人人成为学习的模范、揭发问题的虎将、批判的尖兵。在此基础上要把1. 岗位责任制；2. 考勤制度；3. 技术操作规程；4. 质量检验制；5. 设备管理和维修制；6. 安全生产制；7. 经济核算制等生产管理制度和经济技术指标：1. 产量指标；2. 品种指标；3. 质量指标；4. 原材料、燃料、动力消耗指标；5. 劳动生产率指标；6. 成本指标；7. 利润指标等建立和健全起来，"抓革命，促生产。"□□□□□□□提高广大职工的三个觉悟，使大家充分认识到，反对铺张浪费。加强企业管理不仅是一个经济问题，更重要的是一个政治问题和路线问题……深刻领会毛主席关于反对铺张浪费、加强企业管理的有关教导，以主人翁的态度□□□□□□铺张浪费的现象，立行之有效的管理制度。掀起铆足干劲，力争上游，多快好省地一个□革命、□团结、□干劲的新高潮□□，为中国革命和世界革命做出贡献。

张安栋同志在报告中要求广大革命职工在运动中积极作（做）好：一揭、二批、三立。

……

最后他号召全体革命职工，在毛主席无产阶级革命路线的指引下，"团结起来，争取更大的胜利"。

刘勋臣是中国共产党党员，退伍军人。1970年进入轧钢车间工作，1997年调动工作至齐鲁石化，现退休。以下收录其诗作二首。

清平乐·济二钢

峥嵘岁月

悲歌壮山河

风云欲摧吾城廊

群英同缚妖魔

一展旗开得胜

歌声响彻云空

欢庆改权在手

江山万古长青

刘勋臣作于1970年10月19日

（1970年二钢改制，由劳改企业改为国有企业。特做此词庆贺改制。）

忆·二钢

七零相聚济二钢，同在轧钢吃住忙。

原料矿石堆成山，交炉吐火放万丈。

顶吹氧气炼好钢，成型大锭排成行。

热轧原钢千百吨，冷拔钢管供四方。

大型国企交兴旺，时震泉城大名扬。

回顾当年多豪迈，千情万意在心膛。

弹指一挥四十载，青年均变白发郎。

刘勋臣书于2018年1月11日16时41分

（闻知二钢启动中央商务区建设特作诗一首，抒发对二钢的追忆之情。）

二钢老职工黄金林常年搜集厂区相关的文章报道，也因为饱含对二钢的深厚感情，笔耕不辍。在一段关于厂房改造期间的旧地重游记录中他这样写道：

2018年9月9日，本人步行经茂岭2号、3号路到CBD文化服务中心（二钢中轧厂房）观看。

从东南角钻进，由南往北……原车间旧装（外观东、西、北破砖墙）未大改变，门窗更新，南头加框架式展架，顶部行车一部留下。南头地面形成公园式绿地、小广场等。东侧往北外加门廊，北头加了旋转楼梯到顶的观望台，中间也留行车一部。西侧加固了原门窗及外加固墙等。

特别值得注意的是：中间留一原来门口，而且门两边的安全口号醒目可见（门联）即左边"高高兴兴上班来"，右边"平平安安回家去"，是以证明这是厂房生产重地。这样的口号、标语的形式，盛行于20世纪八九十年代，距今约30年了。

二钢拆迁感言

黄金林

我已退休十余年　面对二钢常怀念
跃进时期建钢厂　男女老少齐参战
多快好省争上游　日夜奋战第一线
"文革"时期受影响　起伏不定遭停产
备战备荒抓体制　企业性质大改变
抓钢治国促生产　大干快上捷报传
企业整顿迈大步　革新改造往上攀
改革开放再起步　并入济钢谱新篇
车间变成小分厂　独立核算效益显
干群上下齐上阵　排除千难和万险
脚印台阶天天上　钢产目标屡创关
百万吨钢早突破　千万吨钢也实现
与时俱进创辉煌　发展态势挺可观
各个分厂不赶趟　淘汰落后被搬迁
只有中轧维持干　一干就是近十年
二钢实名十四载　二钢声名遍济南

第七章 **对话**

本书写作的资料储备、改造项目的工程技术文书以及现场施工照片留存比较丰富，关于厂区发展变化的资料较少，鲜见历史中二钢产业工人的个体形象。可查阅的历史资料主要来自济南钢铁总厂厂志，自1984年二钢片区并入济钢总厂后，关于厂区变迁和工人生活的信息进一步减少。探寻二钢变迁的过程，犹如撬开尘封的历史密匣，却发现是一组组冰冷的生产数据、连篇累牍的八股讲话稿，有血有肉的生活、拼搏奋斗的产业工人都在文献中缺席了，难免令人遗憾。关于二钢有太多需要知道的人和事，口述历史的介入给了我们补救缺憾的机会。

从远古时代的民间传说或口头传说算起，口述历史可能是历史学中最古老的形式，无论古今中外，人类记录历史的典籍之中都有口述历史的自然运用。

那么何为口述历史呢?

口述历史是利用录音、录像或事先计划好的采访录音，收集和研究有关个人、家庭、重要事件或日常生活的历史信息。这些访谈是对参与或观察过去事件的人进行的，这些人对这些事件的记忆和感知将作为听觉记录保存给后代。口述历史努力从不同的角度获取信息，而这些信息大多无法在书面资料中找到。"按照目前国内学界普遍的解释，口述历史是以搜集和使用口头史料来研究历史的一种方法。进一步说，它是由访谈者，以笔录、录音、影像等方式收集、整理口传记忆以及具有历史意义的观点的一种研究历史的方式。"[1]

展开任何一种形式记录的历史，作者与读者都要回答四个至关重要的问题：谁的历史（about），为谁而写（for），由谁来写（by），与谁来写（with）。基于这样的历史四问。口述历史不仅仅是一种记录故事的方法，它深刻地体现了故事叙述者（story teller）与故事听者（story hearer）之间的关系，旨在探索关于事件和人物的想法与观念如何随着时间和经历的变迁而不断变化，探究与传统历史的差异。

（一）研究视角的平民位移

保尔·汤普逊在《过去的声音》[2]一书中写道："口述历史是围绕着人民而建构起来的历史。它为历史本身带来了活力，也拓宽了历史的范围。它认为英雄不仅可以来自于领袖人物，也可以来自于许多默默无闻的人们。它把历史引入共同体，又从共同体中引出了历史。它帮助那些没有特权的人，尤其是老人们逐渐获得了尊严和自信。在它的帮助下，各阶级之间、代际之间建立了联系，继而建立起了相互理解。由于口述历史的共享意义，它能够给予一种地点或时间的归属感。"

---

[1] 李星星. 中国口述历史研究综述. 哈尔滨学院学报，2016（10）：126-130.

[2] （英）保尔·汤普逊. 过去的声音——口述历史，覃方明，渠东，张旅平，译. 沈阳：辽宁教育出版社，2000

（二）研究内容的微末叙事

埃里克·霍布斯饱姆提到"普通人对重大事件的记忆与比他们地位高的人认为应该记住的并不一致"，对个人记忆的发掘，可以观察到"冷冰冰的制度"和结构以外的人性。历史学家和研究者往往通过口述个人记忆的微末叙事，能够获得难以在官方文献中寻获的珍贵材料。

本书中的口述历史被视为一个"复合概念"和开放性的工作方法，要发挥口述历史作为收集原始资料、拓宽观察视野、展现多元历史的独特价值与作用，借普通人的语言把历史交还给民众。它在展现过去和当下的同时，也帮助参与者建构自己的将来。从某种程度来说，访谈者的口述创造了原始档案记录和"恢复"了逸散的历史，不同角度的微末叙事抑或重新建构和解释了历史。

根据内容不同，口述历史可分为：

（1）个人口述历史：包含生平讲述、个人生平片段讲述；

（2）个人与社群口述历史：包含专业及行业人口述历史、社区居民口述历史、家庭与家族；

（3）个人的证词：包含关于历史事件、关于突发事件，讲述他人的故事。

二、文化服务中心的口述历史

本书选取了产业工人口述历史，专业及行业人员的口述历史等，力求多角度呈现。他们是二钢变迁的见证者，是历史的建构者。以下文稿是整理过的口传记忆，语言保留着口语的鲜活生动，从中我们似乎可以联想到讲述者的情绪波动，语句顿挫，具有代入感。

访谈赵方威

受访者： 赵方威（以下简称赵）

简介： 济南CBD文化服务中心项目（原济南二钢中轧车间改造）施工技术负责人，参与项目加固、拆除、新建结构、装饰方面的工作

采访者： 金文妍（山东建筑大学，以下简称金）

访谈时间： 2019年4月12日

访谈地点： 济南 历下区解放东路56号

整理时间： 2019年5月12日整理，2019年5月20日初稿

"我留了这个项目的很多资料，你看这是下雪时施工的样子，这是同一个角度改造前和施工后的对比，这是找朋友飞的航拍，这是……"赵工一边快速切换着电脑里的照片，一边叙述着文化服务中心（后文简称"文服中心"）建设过程中的点点滴滴，如数家珍。

赵工全名赵方威，文服项目施工单位的工程师，从项目前期筹备到交付使用，赵工全程参与，可以说是二钢中轧车间蜕变为中央商务区文化服务中心的见证者。如果要描述一下赵工的工作内容，就是，他所在的团队先给厂房结构加固，延长使用年限；然后将文服中心的愿景蓝图落地实施。赵工说这是他们承接的最复杂最艰巨的施工项目，也是倾注心血最多的一个。赵工他们是中轧车间从历史走向未来的护航者，守护这艘钢铁巨轮平稳传送至崭新时代。

金：刚接手文服中心施工任务时，您对现状情况的理解和感受是什么样的？

赵：甲方对工期要求很紧，那时候还是希望越快越好，但是这个工程过程还是比较曲折的。我们前期做了许多准备工作，第一个是勘查现场，对整个工程进行排查，包括结构和桁架，看是不是和鉴定报告图纸一致，发现了一些变化。第二个是配合设计，对每一项施工项目进行深化，根据现场实际不断地进行调整。

为了达到最好的呈现效果，我们对同一个工序选择了不同的方法进行试验，综合各方面考虑工期、质量，还有一个很关键的点就是造价，不能产生很高的造价。

我们打交道最多的就是华东院的设计师们，一开始他们有 5 个建筑师，还有 1 个结构工程师，根据不同的专业进行沟通，主要形式是开会和电子邮件。顾鹏是建筑设计师，也是设计单位的现场负责人，那时候他就很想把这工程做得比较完美，这个旋转楼梯就是他设计的。

文服中心的设计和施工都需要一个同样的过程，不管是整体还是局部，都是先加固再拆除，和一般的工程是不一样的，因为一般的工程没有这两个工序，而且这两个不能颠倒。

金：能解释一下二钢的先加固再拆除吗？

赵：这个工程基本没有可借鉴的经验，比如常规思路可能想先拆，把多余的拆完了再加固，但是拆的过程中可能就会对结构产生破坏，是不利于结构安全的。于是我们开会讨论，就定下了先加固再拆除的顺序。最开始做的需要把该加的东西——原来结构上应有但（现在）没有的那些钢构件补缺，还有就是对混凝土的结构的加固。主要是补缺和加固。比如说拆除屋面板、填充墙，原来隔壁厂房留下的桁架梁头上的砖茬墙茬，附属钢结构钢板什么的，这都是加固后拆除施工里的。

先加固，再拆除，先上后下。

不管我们施工哪个工序，都要先把该加固的加固好了、该拆的拆了，再去干其他的。比如室内要增加的地下室，我们需要先把屋架加固好了、屋面板拆完了，再做地下室的基坑支护，一定得先支护后开挖，然后再做地下室的结构。

金：周围的居民和老职工对这个项目有什么反应吗？

赵：中间也（有人）来过，比如黄老师，人不多。好多人都以为这个要拆掉了，想来再看看。后来知道要留下来的时候还是想来看看，包括一些记者。后来我们就不让他们进了（笑）。为保证安全现场不能随便进了。

　　咱这个工程市领导很重视，所以给定的调子也比较高，尽量保护，能不拆的就不拆。比如说屋面板一开始想过都拆掉，后来留了一部分，除了采光顶和局部的低跨屋面之外，留了很多（旧屋面板），现在室内都能看得见，也能给别人留个老物件的念想。

金：关于修缮有什么想说的吗？

赵：关于修缮，我们的指导思想就是要修旧如旧，到最后展现出来的是一个旧的建筑，而不是一个破的地方，就像文物一样！

　　这个工程刚开始做还是比较棘手的。怎么说呢？没有经验只是一方面。我们手里的旧图纸不全，修缮施工好多问题都没有标准，比如旧外墙修缮到什么程度，要不断征求业主和设计的意见，看是不是达到要求了。

　　再就是刚进厂时情况很复杂，整体的结构、地底下是什么样都不知道。我们那时候就怕施工到地下时有意想不到的事，结果还真有。给你举个例子，设备的基层里面有好多残留，原来做轧钢用的设备，把设备拆走了混凝土的基础留着，还有好多蓄水池。

金：蓄水池是炼钢用的吧？

赵：应该是吧，我们进场的时候池子里只剩淤泥了，有的混凝土壁厚都有1米了，直接导致土方开挖比较困难。还有些独立基础一半在混凝土墙壁上，一半在池子（蓄水池）里，想要做基础就需要回填。从专业上来说，基础落在不同的持力层上沉降是不一样的，所以我们在征求了各方的意见后，采用C25的混凝土回填，而不是三七灰土了。

金：照这样看是把蓄水池填实了？

赵：首先池壁我需要先破一部分，它的标高已经到正负零了，需要破除到基础底标高以下，然后使用混凝土将基础范围内回填起来，保证基础在一个标高上而且是均质的。

　　地下室开挖范围内还有部分湿陷性黄土，湿陷性黄土在正常的情况下稳定性还是没问题的，一旦遇水它的承载力会迅速下降，这也是我们选择支护桩成孔施工方法的时候选用干成孔的原因。

在基坑支护方案专家论证时，设计提出了基坑的竖直沉降和水平位移不能超过6毫米的要求，这个要求非常高，是怕造成原厂房的独立基础下沉，进而造成整个结构变形。

改造更新工程里的事还是挺多的，可以跟你聊一天。改造更新最困难的是屋面板拆除和地基支护。

金：文服中心的设计施工完成度很高，可算得上是精雕细琢了。能讲讲过程中的一些精细化设计吗？

赵：可以啊，我先跟你说一下新建的屋面板。它既有一个结构要求，还有一个使用功能的要求。如果是个新建工程，这个设计图是可以（施工）的，但这是个改造工程，设计图就和现场有点出入了。我们对图进行了深化，现场出现的问题主要是屋面上怎么和原有体系进行可靠连接、标高的调整，还有就是节点的做法，等等。

屋面做法分三种情况：一个是拆了屋面板的，一个是没拆屋面板的；还有一种没拆屋面板的但不需要保温的屋顶。第一种拆屋面板的我们在桁架梁上做 U 型预埋件和檩条，檩条上面安装压型钢板，然后在檩条上做方钢管支托，主要是调整屋面的标高和坡度的，然后是做保温、做防水、做金属屋面板。

第二种不拆屋面板的就没有 U 型预埋件了，屋顶完成后有高低落差。所以说方钢管竖向支座的主要功能是调节高差。这不是一个多么高科技的活儿，但需要很细致的设计，这种精细化的设计是比较烦琐的。第三种比第二种做法少了保温而已。

再说一下钢结构的施工，我们新建的主体是钢结构的，在室内施工面临的问题就是空间受限，既不能选择太大的吊车，抬杆抬不起来，而太小的吊车又吊不起来钢结构，用小机械去吊钢柱、钢梁还容易出现危险。还有一个困难就是钢梁、钢柱距桁架梁间距十几公分，要保证钢结构吊装过程中不能碰到原来的结构。有一次需要安装一根 2 米长的钢梁，梁中正好与桁架梁垂直交叉，我们先是否定了（在原结构上）使用倒链，然后使用两个吊车吊装，距梁底不到 10 公分，一根梁吊了两个多小时。

金：完成这个项目以后有什么感触？

赵：一定要怀着一个敬畏之心做改造项目，很幸运我们能安全、顺利地完成这个项目。

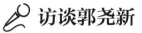

访谈郭尧新

受访者： 郭尧新（以下简称郭）

简介： 济南CBD文化服务中心项目（原济南二钢中轧车间改造）施工负责人，
参与项目加固、拆除、新建结构、装饰方面的工作

采访者： 李垠昊（以下简称李）、张显民、董超越（山东建筑大学）

访谈时间：2019年5月12日

访谈地点：济南CBD文化服务中心

整理时间：2019年5月12日整理，2019年5月13日初稿

访谈背景：2019年5月12日第一次与郭经理见面，这次采访是对项目施工方面的大
致了解以及对模型组前期遇到问题的解答

李：现场看到落成的文化服务中心要比资料里面的效果图更震撼，这个项目是从什么时候开始的呢？竣工后准备何时做何用途？

郭：我们是2016年7月进场的。前期做了现场排查、检测，正式施工是2017年4月到2018年4月，整个工期在一年左右，2018年6月竣工。整个厂区分南北两个分区，北区现在是一个中央商务区建设指挥部，南区是一个城市展览馆，济南中央商务区整个规划展示在这个展览馆里面，2019年5月底开始使用。前期功能完成后，要进入文创办公、艺术展览阶段，更好地服务整个中央商务区。

李：从废弃的厂房到工程竣工变化很大，原来的老建筑让人感觉很破旧，到现在简直是翻天覆地的变化。

郭：其实现存厂房只是原来厂房的一跨，它是一个中轧车间，另一边还有三跨厂房。厂房建于七零年①左右，到现在已经将近50年了，所以2016年6月完全搬离时已经比较破旧了。改造以前是生产功能，现在改成包括办公、文创、展览的文化服务中心，确实变化比较大。厂房只是一个历史的载体。整个CBD中央商务区是3.2平方公里，这个"二钢"就保留在中心位置。厂房保留比较完整，结构、外观还有一定历史意义，所以把它保留下来，改造成为一个中央商务区的文化服务中心，既然功能改变了，它的改造设计跟原来也就不一样了。整个厂房是246米长，21米宽，5600多平方米，内部新建了部分空间，还在室内建造了两个地下室作为设备间。

---

① 中轧车间建造于1909年。

李：地下室是属于新加建的部分吗？

郭：对，地下室属于新加建，增加的这两个地下室是用于存放设备的。强电、弱电、消防控制室、消防水池都在里面。地下室层高5.5米，在50年历史的老厂房里开挖地下室，也是一个比较复杂的过程。

李：从一开始接手这个项目到最后竣工，你觉得最困难的部分是哪里呢？可以具体谈谈吗？

郭：这是一个老厂房，施工比较困难的是进场后的部分拆除工作。比如部分屋面板、部分残留梁茬，它们已经风化比较严重，没有结构价值了，所以要更换。难就难在要保护性拆除，因为一般的拆除都是破坏性的，不考虑剩余结构的破坏程度。但是在这个工程里，我们是把能利用的东西再重新利用，这就是"保护性拆除"。具体来说，施工时需要对原来的排架柱、屋面板进行保护，不能破坏。正常施工是一个自基础开始、从下往上的过程；而拆除是一个从屋顶开始、自上而下的过程，整个是相反的。整个过程不能破坏原来的结构，这个比较复杂。因此保护性拆除需先做好加固工作，如果拆除的过程中，这个厂房出现变形，出现位移，那我们的拆除工作就对老建筑造成扰动了。

李：我注意到了您说的顺序问题，这个施工的顺序是先加固后拆除吗？

郭：确定要保留这个建筑后，建设单位的策略是拆除一部分不能利用的结构，其余的进行加固处理，再加建部分功能性的建筑。我们是先加固后拆除，然后再进行新建的施工。先加固是什么意思呢？我们加固好了，这个建筑整体稳定后，然后把没有利用价值的部分拆除掉。对原厂房的加固有两个作用，一个是部分拆除保证安全，另一个是加固后重新利用。所谓新建是指增加两个地下室、室内钢结构的加层空间，增加使用空间。我们现在坐的这个地方①是加建的谈话室，上面是一个新闻发布厅，还有一个增加的室外旋转楼梯。

李：旋转楼梯令人印象深刻，比效果图要精致美观很多，施工起来比较麻烦吧？在施工中你们会不会和建筑师频繁交流？

郭：夜间整个泛光照明效果，比现在还要好呢。这个旋转楼梯设计得很漂亮，直径达6米，高度20.5米，是个很大的旋转楼梯了。螺旋楼梯施工一般比较难，并且我们这个高度比较高，原来做旋转楼梯一般都是室内一层到二层的，像现在二十多米高、室外全旋转难度比较大。钢材的选用、工艺的选择是很复杂的过程，我们作为施工单位严格按图施工，力求完整呈现设计师的意图。

---

① 此时谈话地点在文化服务中心北端门厅处。

李：做改造更换结构，是所有结构都换了吗，还是老结构有所保留呢？这样一个（20世纪）六十年代末建造的厂房，在结构加固方面会不会比较难处理？

郭：我跟你讲一下这个老厂房是什么情况。厂房原来是独立基础加排架柱，上面是桁式梁和桁架上覆盖的屋面板，这是老的结构。原来为什么是这么大的结构呢？主要是为了生产。现在基础一点没变，排架柱一点没变，整个桁架梁也没变，拆除一部分屋面板，用于增加屋顶采光。原来生产的话对采光要求没这么高，现在增加采光顶之后它的光照变好了，整个厂房利用起来比较自然，空间比较通透。

咱们这个厂房保留的结构体系比较完整。如果整个结构体系都破坏了，技术层面上它就没有保留价值了。好在加固过程只是局部的加固，主要对早期的混凝土构件加固，对钢结构锈蚀比较严重的部分加固。

李：像这种上个世纪（20世纪）建成的工业建筑，是基于当时的施工要求和设计规范做出来的。如果现在改造加建，会不会有矛盾的地方？

郭：原来的施工工艺确实不如现在的好，例如对尺寸的把握、排架柱的预制都不是很精确。但是那个时候的施工周期很长。我们现在要新建这样一个厂房的话工期也就是半年，原来建这个厂房用了将近两年的时间。原来的工艺要差一些，但是对施工的质量要求严格，比如砖的质量、砂浆的质量，那时的材料要比现在的好一些。原来的砂、水泥的加工过程是很慢的，砖的烧制过程慢，品质高。那时候还有黏土可用，现在的砖都是粉煤灰、煤矸石，原料不如原来的好。工期比较长，砂浆的拌和、养护都还是比较到位的。总体来说，原来施工对尺寸的要求控制不精确，但施工质量是比较好的。

图 7-1　西外墙加固扶壁柱

李：这里有个小问题，老建筑排架柱中有两种柱形，一种 Y 型，一种 H 型，这两种柱子有什么区别，各有什么功能呢？我们一开始猜测 H 型是方便机器穿过？

郭：Y 型排架柱跨距是 6 米，H 型排架柱跨距是 12 米，"H"型的又叫复合型排架柱，截面尺寸比 Y 型的大，承载力也随之增加了，可以承载 12 米的跨度。这样做的目的是结构的需要而不是功能上的需要。补充一点，排架柱不承重，行车梁上面是屋面板，这是一个承重体系。整个外墙的话应该没有跟排架柱连在一块，外墙自承重。

李： 我们观察到了后期改造的时候这个墙就变成了与扶壁柱连接的状态。

郭： 嗯，你发现了这个变化。做这个扶壁柱的目的是把排架柱和扶壁柱连一块儿，把整个墙体连一块儿。以前抗震要求低，保留下来的整个西墙原来和排架柱是没有连接的。根据现行规范要进行加固，加固完后墙体要和排架柱形成结构整体，增加建筑的抗震性能。原来墙体是自承重，容易倾覆，加固后形成一个稳定体系了。

李： 我们从侧面了解到，无论是工厂的老职工、周边市民还是政府都对这个项目非常关注，各方都有自己的感情和看法，那么您有什么感悟呢？

郭： 竣工之后有一种自豪感。无论是西面的老墙体，东面的新建墙体，整个旋转楼梯，都感觉比较自豪。施工过程中也确实是比较困难的，比如对一些工艺的把握不那么胸有成竹，通过咨询设备专家、工厂专家，一步步落地实施，现在回顾过往的艰辛是别人体会不到的。比如说当时在老建筑里面挖一个地下室，并且深度超过了原有的基础深度。咱们这个地下室很深，是六米深。两边原有基础靠得非常近，我们开挖之前利用桩锚结构[①] 做支护，相当于把整个外围先固定起来，保证整个建筑物不要变形，保护好了再进行开挖施工。

李： 我发现原有图纸和最终施工图有些部分不同。

郭： 随着加固，一些问题才暴露出来。图纸倒是有，但哪些地方破坏了，哪些地方结构不能重新利用了，也是一个边发现边改进的过程。在这过程中设计方和施工方频繁交流，发现什么问题就解决什么问题。如果是新建建筑，这儿要建一堵墙，这里要建一根柱子都是确定的东西，按图施工就行了。但这种改造项目过程中会发现不少问题，要边做边改。有的不能利用了，有的需要变更尺寸，有的需要加固，有新发现的墙，这堵墙该怎么处理，有的不一定能按图纸施工。过程中一些功能性的东西需要改变的，需要增添的，都是要一边发现一边解决。

图 7-2　访谈左起：李垠昊、郭尧新、张显民

---

① 桩锚支护是将受拉杆件的一端固定在开挖基坑的稳定地层中，另一端与围护桩相连的基坑支护体系。

访谈顾鹏

受访者： 顾鹏（以下简称顾）

简介： 济南CBD文化服务中心项目（原济南二钢中轧车间改造）设计参与者

采访者： 李垠昊（山东建筑大学，以下简称李）

访谈时间： 2019年5月15日

整理时间： 2019年5月15日整理，2019年5月15日初稿

访谈背景： 2019年5月12日详细了解项目施工后对设计过程产生了浓厚的兴趣，这次采访对话项目设计者之一——顾鹏建筑师。希望通过这次交流可以更直接地了解建筑设计者的看法。

李： 您在这个项目中参与了哪些工作？

顾： 整个项目从前期方案到后期施工图和现场配合，以建筑专业为主，协调结构机电、幕墙专项。

李： 在您的经验中，这个建筑有什么不同？体现了工业建筑改造的哪些共性呢？

顾： 国家以前对这类厂房是有专门图集的，所以结构形式和尺寸等均比较常规，但是轧钢厂由于生产原因，流线较长，所以厂房总长度约240米，在上位规划中将其纳入CBD中央公园，完整保留下来，这个应该非常少见。

　　当下进行的建筑改造实践多是针对遗留在城市中心、新中国成立初期的旧厂区，我认为主要目的是两个：一保留记忆，二拓展功能。所以主要面对的问题是新与旧的矛盾，处理好就是不错的项目。

李： 从在您的角度，怎么来看待这样一个工业厂房在新的城市环境当中安身立命的可能性，方法是什么？

顾： 像刚才说的，人们对历史记忆有追求，我想这是最重要的支撑点。同样，如果能够

图 7-3　原墙面及标语

图 7-4　标语1

图 7-5　标语2

唤起人们的记忆是其安身立命之法，那么改造设计中需要关注的问题也就清晰了。

李：文化服务中心会成为未来 CBD 里一道亮丽的风景，那么在这样一个设计中，您最喜欢的是它的哪一部分，为什么？如果在最理想的状态下，您最希望它以一种什么样子展现在参观者面前？

顾：还挺难说，改造设计是希望有个新旧的融合，新建部分通过颜色、材质的不同贯穿整个建筑，对立而又融合，我想这个方式是很多既有建筑改造都会尝试的，在这个项目中呈现的效果还可以。我对现在的外立面效果基本满意，但我想更重要的是功能，当初设想的规划展览、文化市集、创意办公、时尚秀场等活动如果可以展开，那建筑才是真活了。

李：在这个项目中"新旧融合"是您花费精力最多的一部分吗？主要困难在哪？

顾：是的，新建部分要与既有建筑有对立，但同时也要有联系，最困难的地方是它们交界的处理。文服中心作为整个商务区第一个建筑，各方都很重视，商务区也有项目例会，每周一次，室内装修开始前基本我都参加了。

李：在设计过程中是否考虑过公众接受度，担心过参观者会不理解设计意图吗？比如市民、老职工、政府对这一改造都有不同的预期，怎样应对这些预期呢？

顾：我想大家对于美的基本标准还是一致的，我们把可以保留的尽量保留下来，新建部分也鲜明地表达出来，这种对比是增加了二者效果的，这是既有建筑改造的优势。19 世纪 60 年代的清水红砖墙、那个年代的历史标语，能很清晰地说明我们想表达什么。从前期规划，到后期方案推进的过程我觉得在各个层面还都是很顺利的，类似的项目二钢并不是第一个，大家对这种方式都挺认可的。

李：从历史资料里了解到，厂子大部分时间都是亏损状态，但是工人却依旧有着高涨的生产热情，你是如何看待这种工业精神的？在设计中又如何去表现这种精神的？

顾：现场看到两幅标语"安全第一，预防为主"及"高高兴兴上班来，平平安安回家去"，我觉得就是普通人最基本的想法，对自己、对家庭、对社会的责任，需要扛起来。没有做什么特别的处理，就是保留下来，让大家可以看到，可以想到当时的工作生活状态，可以带入那个时代。

访谈黄金林

受访者：	黄金林（以下简称黄）
简介：	济南第二钢铁的老职工，从1970年进入济南第二钢铁厂（以下简称二钢）后一直工作在二钢的第一线，并对二钢历史做简报记录，对厂区有深厚的感情
采访者：	吕星汉（以下简称吕）、冯云卿（以下简称冯）、周扬
采访时间：	2019年5月12日
采访地点：	解放东路三十四号
整理时间：	2019年5月14日整理，2019年5月15日初稿
采访背景：	2019年5月12日第一次与黄师傅见面，这次采访加深了对二钢历史的了解，并获悉二钢职员的生活变迁

吕：这些历史材料都是您整理的吗？当初出于什么考虑整理这些简报呢？

黄：这些都是我自己一点一点整理的，你看，2016、2017、2019年（指整理简报的时间），这是今年的。至于说为什么想做这件事，原因是我退休了有闲暇时间，再一个呢，我的工作一直在这儿，这就一辈子了。我现在正在准备写一篇关于济南二钢厂区拆迁的文章。

冯：您工作多少年了？入厂一直在中轧车间吗？

黄：这就50年了，从1970年建二钢就在厂区工作了。这是我当时办的报纸，在轧钢车间办的报纸，还有我写的厂报文章。我是老三届的毕业生，1966、1967、1968年这三届毕业生叫老三届。为什么呢？那时候停止高考了，毕业生就是老三届，六十年代的高中生。实在讲，二钢历史纪录就只有14年，但它相当有名，到现在都50年了，一说二钢大家还都知道。因为二钢的工人是全山东省大部分困难地区的退伍转业军人。惠民地区、聊城市、德州地区、济宁地区，就是山东省北部比较落后的地区，叫北三区，叫北四区的也有。1971年年初在周边地区招了很多学生。所以说在济南就很有名了，济南四面八方都有二钢的人。

　　纠正一下，过去不叫中轧车间，叫轧钢车间。这个厂刚开始没有中型轧钢车间，一开始是生建钢铁厂，都是犯人在这里工作。

吕：建设这个厂区用的是这些人（犯人），还是建设完后用这些人工作？

黄：当时让犯人在这里劳改生产钢铁，有组织的八小时劳动。上班排着队，下班排着队，点名回宿舍，也是根据犯罪的程度安排工作。到1970年1月1号正式改为国营（有企业，我们就来了。大批的退伍军人进来，我就这个时候来的，一直到现在，一直到这儿拆迁、搬迁。

随着话题的进行，我们聊到了当时职工的居住问题，再谈这个问题的时候，黄师傅对当年的回忆十分鲜活。

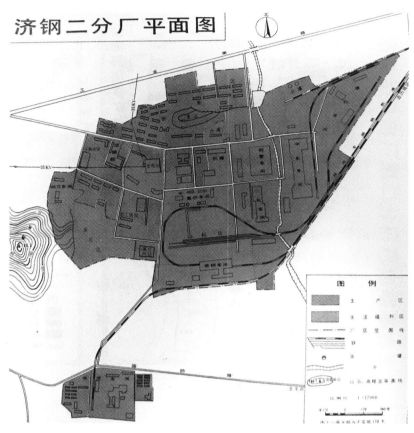

图7-6 二钢总平面（1985年版）

冯：这是二钢的居住图，咱现在的房子是后来盖的吗？这些楼是怎么发展起来的？最早是什么时候建的？

黄：这是二钢的居住图。咱现在是二钢水泥厂，解放东路以南了。1970年二钢发展时都没有这些楼。这里还有一个老楼，二钢最早的招待所。1970年代最先建的是犯人大院，犯人住的地方，我们退伍军人来了以后，就逐渐地把犯人顶替了，接替了他们的活儿，企业性质就变成国营（有）企业了，不是生建钢铁厂了。

冯：那你们来了住宿条件还是犯人住时那个样子吗？当时职工住房情况是什么样的呢？

黄：一开始来的时候没有这些房子。逐渐地先盖这个楼后盖这个楼，再盖这两栋楼。为什么二钢厂区建筑看起来很分散，从这个楼到这个楼1公里的距离啊，都是陆陆续续盖起来的。而且我们这个小区是开放式的，没有小区的门，当时星星点点的，哪里有空哪里盖，就是这一片比较集中，一直盖到 2014 年。

当时是这个情况，没有什么房源，现在的商品房上个世纪（20 世纪）70 年代想都不敢想啊。老少三代当时住在 15 平方的房子都很好，就这么一间小屋，最多 17 个平方。刚进厂的时候在地上睡，用草苫子，几个平方睡十几个人，当时是给犯人住的，我们来了都没有床铺，都睡地上。要是结婚了的话，就住别人腾出的房子，没解决住处的就去住公棚、菜棚，我就住一个菜棚子，当时三口人没办法，你阿姨在食堂，全家就住在旁边的菜棚子里。

工厂提供不了足够房源，为什么呢，当时没有规划，今天盖一个宿舍，明天盖一个宿舍。

盖完后先分给年龄大的，工龄老的，结了婚的。当我分房子的时候，又加了个独生子女，同性子女、异性子女还不一样。同样这个房子，同性子女就可以住，异性子女就不可以住。

吕：原来通到工厂的铁路现在没了吗？

黄：铁路没了，2003 年以前就停用了，到现在都 16 年了。那个时候厂房就开始逐渐停产，水泥首先停，保持生产的就还剩中轧车间，到 2007 年全部停产。

仔细说来，1970 年 1 月 1 号改为国营（有）企业，撤销这个生建钢铁厂，叫中小型联合企业，因为有济钢，所以不能叫济南第一钢铁厂，那我排就排第二，也是联合企业。截止到 1984 年 11 月，济南第二钢铁厂真正的历史时间是 14 年。后来企业整顿把它并入济钢了，并入济钢改为济南钢铁厂第二分厂，也叫第二工业区，一直到 1992 年。2012 年成了济南第二工业区，这个二分厂就没有了，那些领导也都调走了，只保留一个第二工业区总调度室，负责二钢六个分厂。2003 年开始规划，水泥就停了。水泥厂时间很短，它污染太严重。其他六个分厂就一直到 2007 年彻底停产，但保留了中轧。

吕：停产后厂区怎么办了？那前面车间停产，中轧的钢材来自哪里呢？那个时候还有铁路吗？为什么留中轧呢？

黄：肯定拆了，破墙烂机器的，都是陈旧的设备。我们来之前，都是犯人在这改造，体力劳动重，你是想象不到的。比如说一个岗位五个人几分钟一换，离了人不行，全体力劳动。中轧的原料停产后从外面运进。铁路是有但是不用了，用货车运。第一它污染轻，第二呢，全济钢就这一个规格——中型材，别的没有，也是省内的一个独立项目，山东省别的地方没有。

135

第七章 对话

图 7-7 访谈黄金林（左起：吕星汉、陈　图 7-8 黄金林接受访谈　图 7-9 黄金林的简报
恺凡、周扬）

三、来自访谈者的工作观察

李垠昊

通过在前期调研中对访谈工作的深入，我发现很多细节资料是图纸、照片、模型等资料里找不到的。访谈作为这次调研作业中的新形式，因为没有案例可以参考借鉴，前期工作一直在摸索尝试。通过老师的讲解分清了口述历史、访谈的概念和区别，并明确了以访谈为主要的调研方式。

在访谈开始之前要做好大量的准备工作，包括联系受访者、查阅了解受访者资料、访谈问题的设计等，尽管做好万全准备，访谈过程中依然问题频出，受访者往往不理解问题，经常答非所问，提前设计好的问题很多没法继续下去，只能随机应变。在访谈结束后要根据访谈录音整理文字成果，这一转译要保留访谈过程的真实性，既要保持"原汁原味"，又要适当删去无意义的内容。在格式上选择标准的访谈记录稿格式，写明受访者简介、访谈时间、地点、整理时间、访谈参与者、访谈背景等基本信息。

访谈不同于其他调研方式，它可以获得最真实、最直接的"第一手"资料。通过与建筑改造参与者的对话，可以了解到一张张工程图纸中每一处改造细节背后更为真实的情感和态度。虽然采访过程坎坷，但是这会给予我们意想不到的收获。

吕星汉

在与黄师傅交流的过程中，我们深刻体会到了黄师傅对二钢厂的热爱和由衷而发的自豪感，尤其是那种自豪感，让我都产生了深深的共鸣。他在采访中多次重复济南二钢在济南当地的影响力，并且通过举例（1. 1970～1972年大批军人的加入使二钢人数基数增大，让二钢有很大的"名气"；2. 当时艰苦的环境，却凝聚了职工的意志，增加了职员对二钢的热爱。）使这种情绪深深地感染了我。这种对自己所从事事业的热爱，也是我们大学生需要学习与借鉴的品质之一。如何让工作变成爱好，让自己对所做的工作产生自豪感，也是我们应该反思的。

参考资料

书籍

济南钢铁总厂志编纂委员会. 济南钢铁总厂厂志1958-1985. 北京：冶金工业出版社，1992.

学术期刊

广艳辉. 特殊年代的特殊产物——革命委员会. 党史纵横，2004（2）.

杨侃，赵辰. 工业建筑空间再生法初探. 新建筑，2012（2）.

徐敏栋. 浅析厂房改造建筑设计——以济南中央商务区文化服务中心为例. 建筑工程技术与设计，2018（23）.

赵辰，建筑学的力量——从内蒙古工业大学建筑馆看工业遗产保护之建筑学主体意义，新建筑，2011（5）.

劳拉简·史密斯，张煜. 遗产本质上都是非物质的：遗产批判研究和博物馆研究. 文化遗产，2018（3）.

李蕾蕾. 乡愁与工业遗产保护. 中国名城，2015（8）.

李星星. 中国口述历史研究综述. 哈尔滨学院学报，2016（10）：126-130.

罗晓飞. 济南CBD：省城经济"新引擎"加速，走向世界，2018（25）.

李峰. 工业建筑遗产保护与再生改造的实践探索——以原济南"二钢"旧厂房改造项目为例. 美术大观，2018（12）.

马宏展，杨荣超，丁小花. 济南CBD：2016这一年，走向世界，2017（3）.

互联网文章

国际金属镁价格正在下滑，百度文库，2009

中国钢铁工业60年发展回顾与展望，凤凰网，2009

国际金属镁价格正在下滑　南京廖华

直立锁边铝镁锰屋面板　南京廖华

图片

未标注出处的照片、技术图纸均由山东建工集团提供。

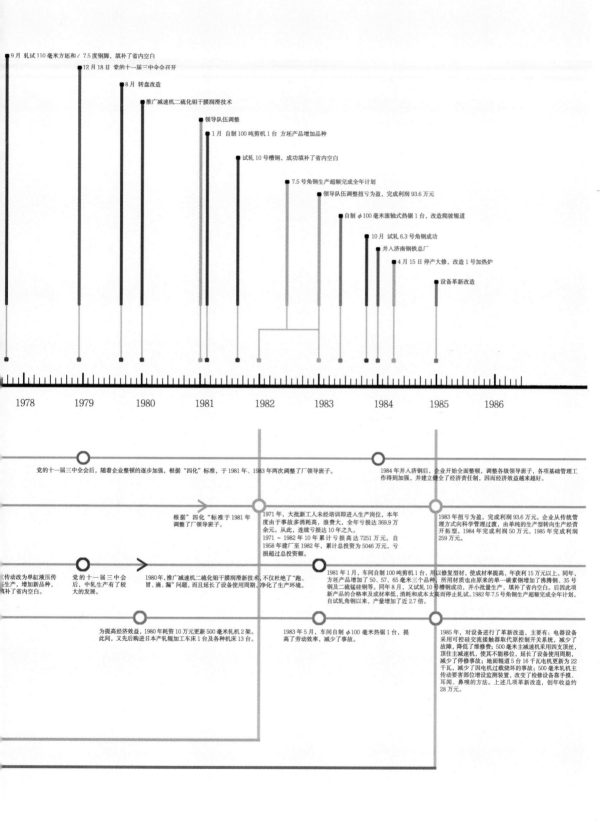

9月 轧试110毫米方坯和／7.5度钢脚，填补了省内空白

12月18日 党的十一届三中全会召开

8月 转盘改造

推广减速机二硫化钼干膜润滑技术

领导队伍调整

1月 自制100吨剪机1台 方坯产品增加品种

试轧10号槽钢，成功填补了省内空白

7.5号角钢生产超额完成全年计划

领导队伍调整扭亏为盈，完成利润93.6万元

自制φ100毫米滚轴式热锯1台，改造爬坡辊道

10月 试轧6.3号角钢成功

并入济南钢铁总厂

4月15日 停产大修，改造1号加热炉

设备革新改造

1978   1979   1980   1981   1982   1983   1984   1985   1986

党的十一届三中全会后，随着企业整顿的逐步加强，根据"四化"标准，于1981年、1983年两次调整了厂领导班子。

根据"四化"标准于1981年调整了厂领导班子。

1971年，大批新工人未经培训即进入生产岗位，本年度由于事故多消耗高，浪费大，全年亏损达369.9万余元。从此，连续亏损达10年之久。
1971～1982年10年累计亏损高达7251万元。自1958年建厂至1982年，累计总投资为5046万元，亏损超过总投资额。

1984年并入济钢后，企业开始全面整顿，调整各级领导班子，各项基础管理工作得到加强，并建立健全了经济责任制，因而经济效益越来越好。

1983年扭亏为盈，完成利润93.6万元。企业从传统管理方式向科学管理过渡，由单纯的生产型转向生产经营开拓型。1984年完成利润50万元，1985年完成利润259万元。

中传动改为单缸液压传动……生产，增加新品种，……补了省内空白。

党的十一届三中全会后，中轧生产有了较大的发展。

1980年，推广减速机二硫化钼干膜润滑新技术，不仅杜绝了"跑、冒、滴、漏"问题，而且延长了设备使用周期，净化了生产环境。

1981年1月，车间自制100吨剪机1台，用以修复旧材，使成材率提高，年获利15万元以上。同年，方坯产品增加了50、57、65毫米三个品种，所用材质也出原来的单一碳素钢增加了弗腾钢、35号钢及二硫锰硅钢等。同年8月，又试轧10号槽钢成功，并小批量生产，填补了省内空白。后因此项新产品的合格率及成材率低，消耗和成本太高而停止轧试。1982年7.5号角钢生产超额完成全年计划。自试轧角钢以来，产量增加了近2.7倍。

为提高经济效益，1980年耗资10万元更新500毫米轧机2架。此间，又先后购进日本产轧辊加工车床1台及各种机床13台。

1983年5月，车间自制φ100毫米热锯1台，提高了劳动效率，减少了事故。

1985年，对设备进行了革新改造，主要有：电器设备采用可控硅交流接触器取代原控制开关系统，减少了故障，降低了维修费；500毫米主减速机采用四支顶丝，顶住主减速机，使其不能移位，延长了设备使用周期，减少了停修事故；地面辊道5台16千瓦电机更新为22千瓦，减少了因电机过载烧坏的事故；500毫米轧机主传动要害部位增设监测装置，改变了检修设备靠手摸、耳闻、鼻嗅的方法。上述几项革新改造，创年收益约28万元。

见证一座工业厂房从衰败中重生是珍贵经历。我们从中看到书本知识的践行，现实与理想的交锋，还有众多付出辛勤劳动的人们把覆盖着历史尘埃的工业厂房打磨得发光、发亮。是的，他们是工业遗存走上遗产之路的隐形守护者，护送着工业之子从过往走向未来。

因一次课程设计的调研与二钢中轧车间改造项目结缘，自此便一发不可收拾。跟踪厂房建设的过程中，一个个鲜活的人物，一段段尘封的往事次第浮出水面。中轧车间牵动太多人的心绪，无论是坚持做手抄报的皓发老者，还是运筹帷幄的营建专家，抑或是殚精竭虑的能工巧匠，都在用他们的执着和技艺谱写着工业建筑的美好未来。

人们常说"君子远庖厨"，之于建筑改造更新此理也通。

见到一栋修缮得当的老建筑，我们会欣赏、会赞叹，这亦如人品尝珍馐佳肴；但如果带你来看工地上残损建筑的破败，把一砖一瓦如何修补清理的繁杂细节剥开给你看，这就好比看到厨房里大师傅"磨刀霍霍向猪羊"。真实自然，但不见得那么赏心悦目。或许因此，历史建筑的建设实录是相关领域写作的冷门。但哪一个优秀改造项目的诞生不是在"庖厨"中经历一番演化呢？本书跟随中轧车间改造更新的进程，真实记录了众多工程细节，希望能给相关从业者提供些许帮助，也给广大的建筑爱好者一个进"厨房"窥视的机会。

如果在读本书时，亲爱的读者能感到"哦，原来是这样子做出来的"，或者"啊，这个东西还有这些讲究呢"，我们都会感到无比荣幸。当大家开始广泛关注工业遗产保护之时，便是全社会为众多风雨飘摇中的工业建筑撑起保护伞之日。让我们一起保护身边还没有进入保护程序，但有非凡价值的工业建筑遗存，为它们振臂高呼。

此书的写作先后得到以下同志的支持，并参与施工技术章节的编写（未注明单位者均为山东建工集团员工）：

郭尧新、赵方威、苏世凯、肖衡、张涛、路浩（济南城市建设投资有限公司）、倪允广、高继刚、任文秀、邱莹莹、郎小龙、秦丽圆、芦杰、杨琳、张健（山东新联谊工程造价咨询有限公司）。

本书的作者之一、山东建工集团的徐洪斌先生提出了编写此书的最初构想，并给予本书大国工匠的底蕴。特别鸣谢山东建工集团的赵方威工程师提供了大量一手资料，并校对施工技术篇章。感谢山东建筑大学建筑城规学院的遗产保护研究团队多年来对工业遗产领域的持续研究，是团队开创性的工作让我有幸参与其中，感谢我的学生周扬、韩子煜、李垠昊、吕星汉等人参与部分图表的绘制及人物访谈，感谢济南二钢的老职工黄金林先生无私提供了简报、照片等历史资料，让我们对二钢人的了解更加具体而鲜活。感谢中国建筑工业出版社的刘静编辑、徐冉编辑为本书出版付出的辛勤努力，是二位出色的业务能力让这本拙作得以如期与读者见面。最后感谢我的家人，感谢可爱的芃芃，你是我生命的动力。

金文妍

2019 年 7 月 25 日凌晨于西安